Atoosa Maleki

Caracterização de biopolímeros funcionais

Atoosa Maleki

Caracterização de biopolímeros funcionais

Vários estímulos externos

ScienciaScripts

Imprint
Any brand names and product names mentioned in this book are subject to trademark, brand or patent protection and are trademarks or registered trademarks of their respective holders. The use of brand names, product names, common names, trade names, product descriptions etc. even without a particular marking in this work is in no way to be construed to mean that such names may be regarded as unrestricted in respect of trademark and brand protection legislation and could thus be used by anyone.

Cover image: www.ingimage.com

This book is a translation from the original published under ISBN 978-3-659-85576-4.

Publisher:
Sciencia Scripts
is a trademark of
Dodo Books Indian Ocean Ltd. and OmniScriptum S.R.L publishing group

120 High Road, East Finchley, London, N2 9ED, United Kingdom
Str. Armeneasca 28/1, office 1, Chisinau MD-2012, Republic of Moldova, Europe
Managing Directors: Ieva Konstantinova, Victoria Ursu
info@omniscriptum.com

Printed at: see last page
ISBN: 978-620-8-52265-0

Índice:

Caracterização de biopolímeros funcionais

Vários estímulos externos

Atoosa Maleki

2016

Resumo

Os biopolímeros pertencem a um grupo de macromoléculas que apresentam propriedades biocompatíveis e biodegradáveis. Neste trabalho, foram estudadas as caraterísticas estruturais e dinâmicas de uma série de biopolímeros com o auxílio de reologia, reo< dispersão de luz a pequeno ângulo (SALS), dispersão dinâmica de luz (DLS) e dispersão de neutrões a pequeno ângulo (SANS). Para determinar o peso molecular e o índice de polidispersão, foi utilizado o fracionamento assimétrico de campo de fluxo (AFFFF).

A hidroxietilcelulose (HEC), o seu análogo hidrofobicamente modificado (HM<HEC) e o dextrano são todos polissacáridos com grupos funcionais hidroxilo ao longo da espinha dorsal, que podem reagir com o agente reticulante difuncional divinilsulfona (DVS). A reticulação intramolecular e intermolecular de soluções aquosas diluídas de álcalis destes três sistemas foi estudada sob a influência de uma taxa de cisalhamento constante. Nas mesmas condições experimentais, foram observados comportamentos diferentes para cada sistema devido às diferentes estruturas químicas dos polímeros. No entanto, a formação de microgéis pode ser detectada para todos os sistemas. O efeito do cosoluto p<ciclodextrina (p<CD) foi investigado para as soluções HM<HEC.

Uma rede de gel interligada é formada pela reticulação de uma solução de HEC semidiluída na presença de DVS. Para investigar a estrutura das redes de HEC numa escala dimensional mesoscópica, foram efectuadas medições SANS para os sistemas na presença de diferentes concentrações de DVS. Antes da medição, a reação de reticulação foi extinta para um pH mais baixo através da adição de HCl em vários momentos.

Foram realizadas experiências reológicas e de DLS em soluções semidiluídas de hialuronato de sódio (HA) durante o processo de reticulação química. A carbodiimida solúvel em água (WSC) produz apenas ligações éster através de grupos carboxilo nas moléculas de HA, enquanto que na presença de éster metílico de lisina (L<lysineME) se forma uma fração significativa de ligações amida. As ligações éster são conhecidas por serem ligações fracas e sensíveis à hidrólise. A utilização da reação de condensação multicomponente de Ugi permite obter uma rede mais estável, devido à formação de muitas ligações amida. AFFFF foi utilizada para determinar o peso molecular médio e a polidispersidade da solução de HA antes e depois da reação de reticulação (HA+WSC). Foram examinados os efeitos da riboflavina (RF) como fotossensibilizador e o pH numa gama de 1<13 na degradação das cadeias de HA em solução. No domínio $4 < pH < 11$, não se verificou praticamente nenhuma cisão de HA, ao passo que fora desta região ocorreu a rutura das cadeias de HA. Foram efectuadas medições de cisalhamento constante em soluções aquosas de HA, a fim de analisar as interações intermoleculares. O efeito do pH no comportamento de associação da mucina gástrica de porco (glicoproteína) foi investigado por meio de DLS e SALS. A mucina purificada foi dissolvida em tampões com valores de pH de 1, 2, 4 e 7 em duas concentrações diferentes - 0,01 % em peso (diluída) e 1 % em peso (semidiluída). Foi detectada uma forte agregação a pH 2 por DLS, bem como uma viscosidade mais elevada com a ajuda de reo<SALS ao mesmo pH.

Capítulo 1

1. Introdução

Os polímeros são considerados o material mais importante na ciência e tecnologia do século XXI.[1] A morfologia, conformação e miscibilidade dos polímeros são de particular importância para compreender as suas propriedades como moléculas individuais e nas interações intermoleculares com vários materiais. A caraterização de um polímero requer diferentes parâmetros, que precisam de ser especificados. O comportamento do polímero em solução depende fortemente da estrutura química e física da cadeia do polímero, bem como das condições ambientais externas. O comprimento da cadeia, as forças de atração e o grau de ramificação são alguns dos factores que podem influenciar as caraterísticas dos polímeros. O aumento do comprimento da cadeia ou da massa molecular pode levar à diminuição da mobilidade da cadeia e ao aumento da viscosidade. A presença de vários grupos laterais ao longo da cadeia pode promover forças intramoleculares em moléculas individuais ou interações intermoleculares entre cadeias de polímeros.

Os biopolímeros são uma classe de polímeros produzidos por organismos vivos. As proteínas, os péptidos, a celulose e o ADN são alguns exemplos desta família. Estas macromoléculas são responsáveis pelas funções biológicas de deteção molecular, homeostase, movimentos moleculares e catálise.[1] Para melhorar os biopolímeros no sentido de um maior desempenho e melhor funcionalidade, a compreensão do seu comportamento físico-químico e a sua resposta a estímulos externos são de grande importância. A síntese de tais polímeros constituirá também um desafio de última geração para a ciência e a tecnologia modernas.

A escala espacial desempenha um papel importante no estudo dos sistemas poliméricos. Dependendo da técnica experimental, o sistema pode ser descrito diretamente pelas propriedades da cadeia à escala nanométrica, a sua morfologia a uma escala mesoscópica intermédia, e as caraterísticas do volume da amostra podem ser sondadas à escala macroscópica. Estes tipos de materiais têm sido examinados por um vasto número de métodos experimentais modernos. A reologia é uma das técnicas mais poderosas para estudar as caraterísticas das soluções de polímeros a granel. A cromatografia de permeação em gel (GPC) e o fracionamento de fluxo assimétrico (AFFFF) são utilizados para determinar os pesos moleculares e as distribuições de peso molecular dos polímeros. A ressonância magnética nuclear (RMN) é utilizada para caraterizar a composição e a estrutura química dos polímeros. A topografia da superfície das amostras pode ser explorada por microscópio eletrónico de varrimento (SEM). Um espetrofotómetro pode ser utilizado para determinar o ponto de turvação ou a turbidez de uma solução. As propriedades térmicas, como a temperatura de transição vítrea e o ponto de fusão, podem ser analisadas por calorimetria diferencial de varrimento (DSC). Dado que o tamanho da cadeia polimérica varia de algumas a várias centenas de nanómetros, os métodos de dispersão, como a dispersão de luz (LS), a dispersão de raios X a pequeno ângulo (SAXS), a dispersão de luz a pequeno ângulo (SALS) e a dispersão de neutrões a pequeno ângulo (SANS), têm sido amplamente utilizados para caraterizar polímeros em soluções diluídas e semidiluídas.[1] A reologia, a AFFFF, a DLS, a SANS e a SALS foram utilizadas para estudar as caraterísticas físico-químicas de diferentes sistemas poliméricos neste trabalho.

Um grupo de polímeros que tem atraído muita atenção é o dos polímeros "reactivos". Os polímeros "reactivos" são uma classe de compostos macromoleculares com caraterísticas especiais. Têm sido utilizados em muitas aplicações durante as últimas décadas. Respondem a alterações de estímulos físicos ou químicos, tais como temperatura, campos eléctricos e magnéticos, solventes, tensões e deformações mecânicas, radiação (UV, luz visível, ultra-sons) e força iónica.[1<6] As caraterísticas específicas destes polímeros permitem a sua utilização como materiais "funcionais", por exemplo sensores, actuadores, bioseparação, produtos de higiene pessoal, compostos de envasamento para engenharia civil, recuperação melhorada de petróleo e sistemas controlados de libertação de fármacos.[2<5,7] Um exemplo da sua aplicação é um sistema de libertação de fármacos auto-regulado, que tem sido de grande interesse nas últimas décadas, uma vez que permite que o fármaco seja libertado quando é necessário.[2] A Figura 1 mostra uma ilustração esquemática de como os fármacos podem difundir-se a partir de uma rede polimérica através da influência de várias condições de estímulo.

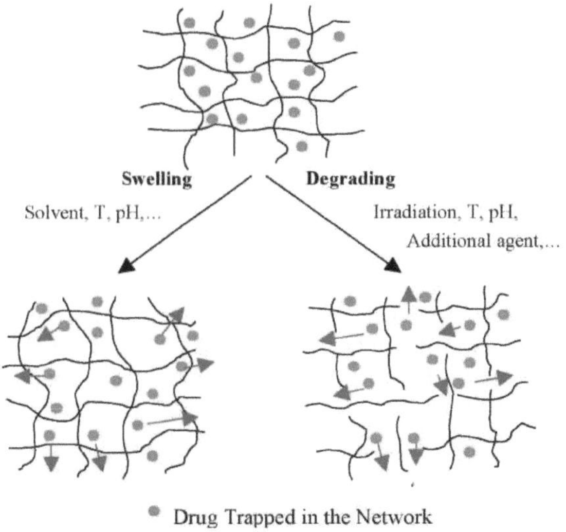

Figura 1 Ilustração esquemática da libertação de fármacos (presos na rede polimérica) através de diferentes condições de estímulo.

Neste estudo, as caraterísticas de vários biopolímeros funcionais foram investigadas na presença de estímulos externos. O objetivo deste trabalho é estudar algumas caraterísticas estruturais, dinâmicas e reológicas destes polímeros, de modo a esclarecer as suas possíveis aplicações numa ou em várias áreas acima mencionadas. Os sistemas são divididos em três categorias: microgéis[8,9], macrogéis[10] e biopolímeros do nosso corpo[11,12].

Os biopolímeros, como os polissacáridos, podem ser utilizados para formar estruturas supramoleculares. Os hidrogéis são constituídos por polímeros hidrofílicos ou anfifílicos com ligações cruzadas físicas ou químicas. As ligações cruzadas podem resultar de interações intermoleculares não covalentes, como ligações de hidrogénio, interações hidrofóbicas ou electrostáticas[13<15] (gel físico), ou a rede transitória pode ser reticulada covalentemente por um agente reticulante adequado (gel químico).[16,17] Um hidrogel é capaz de inchar e reter um grande volume de água na sua estrutura tridimensional inchada[1<4,18], bem como de encolher.[19] Os complexos de associação podem ser usados para produzir microgéis ou macrogéis, dependendo da concentração do polímero e da forma de preparação.[20] Os microgéis são pequenas partículas que podem ser sintetizadas via polimerização em emulsão,[21] copolimerização aniónica ou preparadas pela adição de um agente reticulante à solução diluída de polímero. Os microgéis também podem ser produzidos como partículas esféricas com um grande número de grupos funcionais, o que é referido como "microgéis reactivos".[22] Estes grupos funcionais podem ser mono< ou oligossacáridos ou fármacos acoplados covalentemente, que podem ser libertados lentamente da partícula através de vários estímulos externos. O tamanho finito dos poros presentes nos microgéis pode ser modificado através da variação da densidade de reticulação ou de parâmetros ambientais como o pH, a força iónica e a temperatura.[20] Se uma solução polimérica diluída for reticulada, perde-se a conetividade e formam-se agregados não ligados de vários tamanhos, que podem ser designados por microgéis.[20,23] Existem dois tipos possíveis de reticulação,[24,25] nomeadamente as reticulações inter e intramoleculares (ver Figura 2). As ligações cruzadas intermoleculares ocorrem através do acoplamento de duas ou mais cadeias poliméricas, enquanto que as ligações cruzadas ocorrem dentro da mesma cadeia polimérica quando se trata de ligações cruzadas intrapoliméricas.[24] A agregação de polímeros pode ocorrer sob a influência do fluxo de cisalhamento ou de movimentos brownianos em condições quiescentes para soluções diluídas de polímeros. Muitas investigações foram relatadas sobre a preparação de microgéis, com[26] ou sem [23,24] reticulante, sob a influência de movimentos brownianos[24] ou fluxo de cisalhamento.[26<28] É possível explorar o mecanismo de transporte no âmbito do número de Peclet (Pe) para decidir se o movimento das partículas é governado por fluxo hidrodinâmico ou por difusão. O número de Peclet é um número adimensional que relaciona a taxa de advecção de um fluxo com a sua taxa de difusão. É definido através da expressão $P_e = y R^2/D = 6nnoR^3Y/kBT$, em que *Y* é a taxa de cisalhamento, *R* é o raio da partícula, *D* é a difusão translacional, *no* é a viscosidade do solvente, *kB* é a constante de Boltzmann e *T* é a temperatura absoluta.[29] A formação de flocos na presença de um fluxo de cisalhamento é conhecida como agregação "ortocinética".[30] A estrutura dos flocos formados é fractal, o que significa que as propriedades do agregado, tais como a massa, a densidade e o volume, são escalonadas como uma potência do seu tamanho. A determinação da dimensão fractal seria uma medida de como esses agregados estão preenchendo o espaço.[28] Foi relatado[31] que a dimensão medida de uma solução diluída é uma função tanto da dimensão fractal quanto do índice de polidispersidade. Isto indica que uma única medição não dá necessariamente a dimensão real dos objectos fractais, e o possível efeito da polidispersão tem de ser tido em conta. Mudanças nas dimensões, tais como o encolhimento de microgéis reticulados, podem ser determinadas pela razão entre *Rg* e *Rh* (Rg/Rh) e sua relação com *Mw*.[24,26] O processo de agregação é importante para problemas tecnológicos na indústria e na bioquímica.[20,21,25] No presente trabalho,[8,9] os efeitos do cisalhamento e da adição de reticulante foram investigados para soluções diluídas de polissacarídeos no curso da reação química de reticulação. Durante a reticulação de polímeros, espera-se que ocorra uma competição entre a reticulação intra-cadeia e inter-cadeia. As forças hidrofóbicas e hidrofílicas presentes em fluidos complexos podem gerar algumas interações específicas, que podem afetar as propriedades reológicas da solução.

Uma solução de polímero semidiluído reticulado sofre uma transição de líquido para sólido numa extensão crítica da reação de reticulação. Este fenómeno é normalmente designado por gelificação. A gelificação de uma solução polimérica semidiluída pode ser caracterizada como um processo que envolve um aumento contínuo da viscosidade acompanhado por um aumento gradual das propriedades elásticas. Abaixo do limiar de gelificação, o sistema comporta-se como um líquido, enquanto que acima do ponto de gelificação a amostra não flui. Nas proximidades da transição sol-gel, pode ocorrer uma variedade de transformações estruturais e dinâmicas.

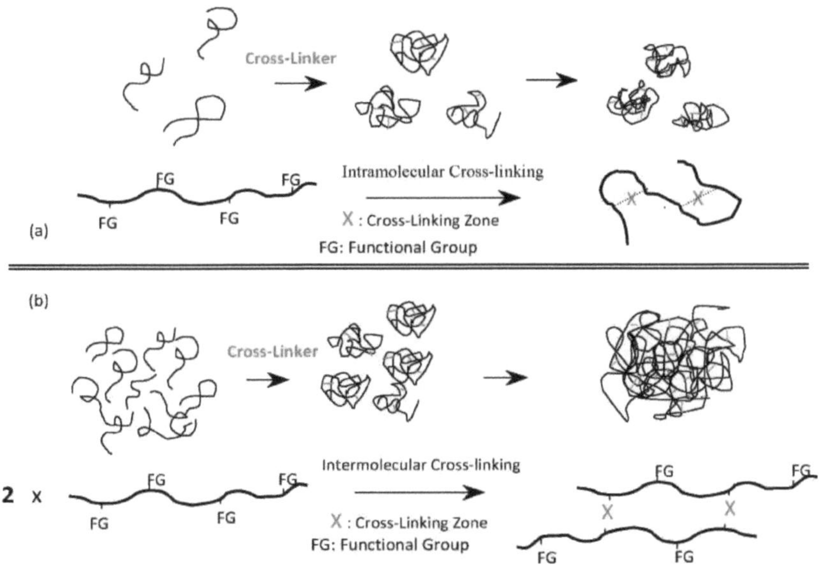

Figura 2 Ilustração da reticulação química de soluções poliméricas na presença de um reticulante. (a) Reticulação intra-molecularA parte inferior ilustra como uma única cadeia sofre uma reação de reticulação através de grupos funcionais. (b) Reticulação inter-molecularA parte inferior mostra a reticulação entre duas cadeias poliméricas.

Os estudos estruturais de muitos polímeros próximos do ponto de gel demonstraram que a gelificação pode ser descrita pelo modelo de percolação.[32,33] Esta abordagem é um modelo de rede simples para a gelificação. Cada sítio da rede com X vizinhos representa uma unidade polifuncional com X braços de reação. Uma determinada molécula é formada aleatoriamente pela reação de duas unidades vizinhas. A formação de moléculas e pequenos aglomerados ou de uma rede infinita depende da fração de ligações reagidas. Os macrogéis são produzidos por ligações cruzadas intermoleculares físicas (reversíveis)[13,15,34,35] ou químicas (irreversíveis)[36< 38] de uma solução polimérica semidiluída para desenvolver uma rede interconectada. Neste estudo, foi investigado o efeito da reticulação química no comportamento de gelificação de um polissacárido biocompatível.[10]

Os polielectrólitos são polímeros que contêm grupos ionizáveis ligados à cadeia principal. Num solvente polar, como a água, as cargas são dissociadas de modo a que as cargas de um sinal se localizem na cadeia, enquanto os contra-iões são móveis na solução.[39] As propriedades de solução dos polielectrólitos diferem normalmente das dos polímeros não carregados. A presença de cargas ao longo da cadeia conduz a interações complexas intra e intermoleculares que têm um efeito considerável no comportamento estrutural e reológico do sistema. Este tipo de interações pode ser parcial ou totalmente eliminado através da adição de sal à solução. No entanto, o comportamento dos polielectrólitos na ausência de sal é pouco conhecido. Nas últimas décadas, este domínio de investigação tem atraído muitos cientistas, tanto do ponto de vista teórico como experimental. Apesar de todos os progressos nesta área, a falta de interpretações moleculares claras para algumas das suas caraterísticas não pode ser ignorada.[40<42] Entre todos os biopolímeros com alguns efeitos polielectrólitos, dois dos quais existem em abundância nos mamíferos são o hialuronano e a mucina. Algumas caraterísticas estruturais e dinâmicas destes polímeros biocompatíveis foram investigadas neste trabalho.[11,12]

Capítulo 2

2. Materiais

2.1. Polímeros

Hidroxietilcelulose e o seu análogo hidrofobicamente modificado

A hidroxietilcelulose (HEC) é um polissacárido hidrofílico não iónico, normalmente preparado pela reação da celulose com óxido de etileno. A HEC tem alguma atividade superficial em solução aquosa e é compatível com uma vasta gama de tensioactivos e sais. Para alterar os comportamentos estruturais e reológicos da HEC, podem ser incorporados grupos hidrofóbicos na cadeia principal através de um procedimento normalizado.[43] As estruturas químicas destes polímeros estão representadas na Figura 3.

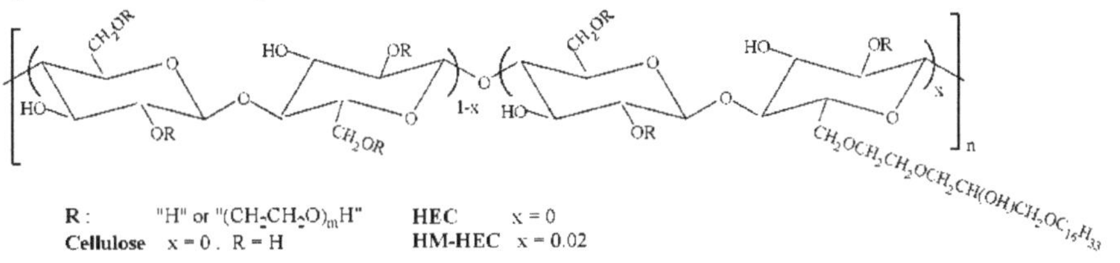

Figura 3. Estruturas químicas da celulose, hidroxietilcelulose (HEC) e HEC hidrofobicamente modificada (HM<HEC).

A HEC ou a HEC modificada hidrofobicamente (HM<HEC) podem ser reticuladas tanto em soluções diluídas como semidiluídas através de grupos hidroxilo na presença do reticulante difuncional divinilsulfona (DVS) em condições alcalinas (pH > 11,8).[44] A HEC e a HM<HEC são amplamente utilizadas em aplicações e produtos que requerem espessamento e ligação à água, [14]
lubrificação, formação de película e propriedades protectoras coloidais ou estabilizadoras[45,46].

Dextrano

O dextrano é um polissacárido bacteriano constituído por unidades lineares de glucopiranose ligadas a a<1,6<, com algum grau de ramificação a<1,2<, a<1,3< e a< 1,4[<(47<49)] (ver Figura 4). Tanto o peso molecular como o grau de ramificação afectam as propriedades físico-químicas destes polímeros biodegradáveis e biocompatíveis.[48,49] A existência de um grande número de grupos hidroxilo nas cadeias poliméricas torna-as adequadas para modificação e subsequente reticulação física ou química.[48,50] O dextrano tem sido amplamente utilizado na administração de medicamentos, no aumento do volume sanguíneo e na purificação de produtos biológicos.[47<49]

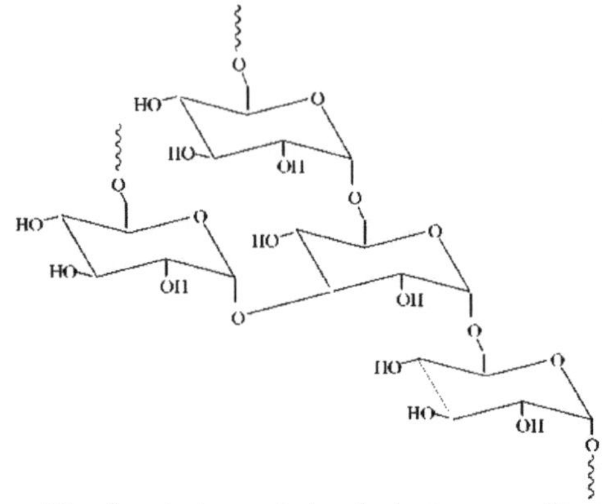

Figura 4 Ilustração esquemática da estrutura química do dextrano ramificado. Nesta figura, apenas é apresentado um ramo lateral (1^3).

Hialuronano

O hialuronano, também conhecido como hialuronato, ácido hialurónico (HA) é um biopolissacárido natural de elevado peso molecular. É um componente importante da matriz extracelular e dos tecidos conjuntivos[51,52]. O AH é um polissacárido linear aniónico que consiste em unidades dissacáridas repetidas de *N<acetil<D<glucosamina* (GlcNAc) e ácido D<glucurónico (GlcUA), ligadas por ligações glicosídicas p1<4, enquanto os dissacáridos estão ligados por ligações p1<3 (ver Figura 5).[52] O hialuronano é um dos principais componentes do cordão umbilical, do corpo vítreo, da pele e do líquido sinovial.[46,52] É degradado *in vivo* por uma enzima específica denominada hialuronidases.[53] O AH pode ser extraído do humor vítreo bovino, de cristas de galo ou do cordão umbilical. Também pode ser produzido por uma bactéria chamada *Streptococcus zooepidemicus*[52] com um bom rendimento e um elevado grau de pureza. As suas excelentes propriedades físico-químicas[(54)], tais como a biocompatibilidade, a elevada viscoelasticidade, a não imunogenicidade e a biodegradabilidade, fazem dele um biomaterial importante do ponto de vista médico.[52,55] O AH é um elemento de base atrativo para novos polímeros biocompatíveis e biodegradáveis, com possíveis aplicações na administração de medicamentos, viscocirurgia, viscosuplementação, cirurgia oftálmica, cicatrização de feridas e engenharia de tecidos.[55] O hialuronano pode ser reticulado de várias formas devido à existência de grupos funcionais hidroxilo e carboxilo na cadeia polimérica.[53,55,56] O polímero utilizado neste estudo tem uma origem bacteriana e é o sal de sódio do hialuronano (hialuronato de sódio), referido como hialuronano com a abreviatura HA neste livro.

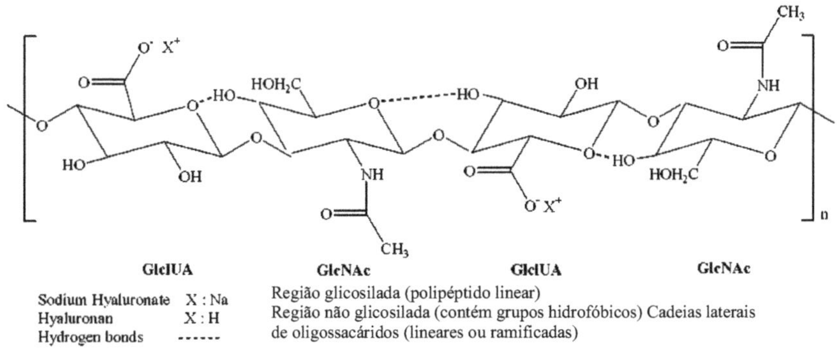

Figura 5 Ilustração esquemática da estrutura química do hialuronano.

Mucina

O muco é uma secreção viscosa que se encontra na maioria das superfícies epiteliais em todo o corpo e actua como meio de proteção, lubrificação e transporte.[57,58] A macromolécula mais abundante no muco é a mucina.[58] A mucina é uma glicoproteína de elevado peso molecular ($>10^6$), composta por uma espinha dorsal polipeptídica e cadeias laterais de oligossacáridos ligadas covalentemente.[58<60] A composição química da mucina depende da região e da espécie da qual ela é isolada.[61] Um comportamento viscoelástico interessante tem sido observado neste grupo de macromoléculas, com [61,62] ou sem[60,63] agente químico adicional, devido a interações de ambas as porções hidrofóbicas e cargas negativas ao longo da cadeia. O estômago dos mamíferos é um ambiente biológico único, na medida em que o pH gástrico desce da quase neutralidade para aproximadamente 1<3 durante a digestão ativa.[63] No entanto, o epitélio gástrico permanece incólume devido à proteção particular da camada de gel mucoso , onde a mucina tem um papel importante.[58] As mucinas estomacais são de grande interesse para os investigadores farmacêuticos, uma vez que formam uma barreira contra a adsorção de fármacos.[59]

Neste estudo foi utilizada uma mucina gástrica de porco purificada não comercial[60]. Uma vez que a estrutura da mucina varia consideravelmente em função do local de onde foi extraída, não existe um esquema direto da sua estrutura química. A Figura 6 apresenta um esquema da molécula de mucina.

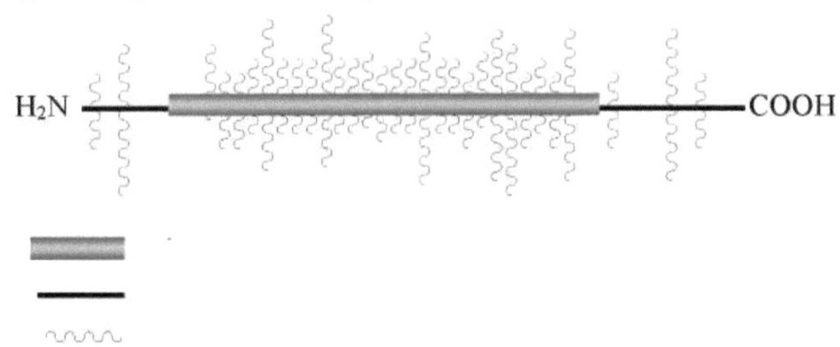

Figura 6 Esquema da molécula de mucina. As mucinas nativas isoladas de secreções corporais ou tecidos são sempre fortemente glicosiladas.[58]

6.2. *Cosolutos*

P@Ciclodextrina

A ciclodextrina (CD) é um oligómero cíclico de glucose solúvel em água com a forma de um cone truncado. O grupo mais comum de CDs pode ser constituído por 6 (a<CD), 7 (p<CD) ou 8 (Y<CD) unidades de glucose ligadas através de ligações a< 1,4<glicosídicas.[64,65] Uma das caraterísticas mais marcantes das ciclodextrinas é a sua capacidade de formar complexos de inclusão com várias moléculas hidrofóbicas ou anfifílicas. Dependendo dos tamanhos e volumes dos diâmetros, são capazes de capturar diferentes moléculas convidadas no interior das suas cavidades hidrofóbicas.[66,67] A p<ciclodextrina (p<CD, ver Figura 7a) tem um diâmetro de cavidade de 7 A.[64] A força das interações entre os grupos hidrofóbicos nas cadeias poliméricas (como HM< HEC) pode ser ajustada na presença de p<CD. As caudas hidrofóbicas são capturadas no interior das cavidades e apenas o invólucro exterior das moléculas de p<CD é exposto ao meio aquoso (ver Figura 7a).[66,67] Como mostra a Figura 7b, esta disposição dos grupos hidrofóbicos no interior da cavidade permite que as moléculas de p<CD encapsulem partes hidrofóbicas de outras moléculas na solução. Os complexos de inclusão de polímeros resultantes na presença de ciclodextrinas proporcionam uma série de aplicações em formulações farmacêuticas.[68]

Riboflavina

Nos últimos anos, a degradação dos polissacáridos por irradiação luminosa na presença de um fotossensibilizador tem suscitado grande interesse.[69,70] A riboflavina ou vitamina B_2 (ver Figura 8) é um micronutriente não carregado, solúvel em água, que pode induzir reacções de oxidação por exposição à luz UV ou visível de comprimentos de onda curtos.[71] Os radicais livres produzidos a partir de FR por irradiação podem atacar as ligações glicosídicas dos polissacáridos, provocando a cisão das cadeias poliméricas.

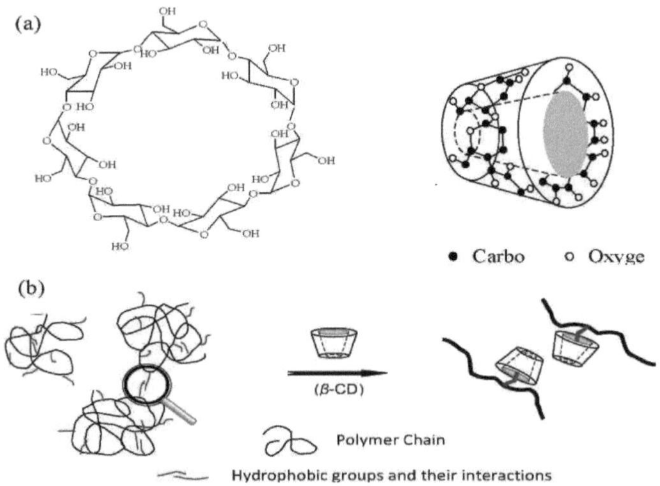

Figura 7 (a) Ilustração esquemática da estrutura química e da forma de cone truncado da p<ciclodextrina, (b) Ilustração esquemática da encapsulação hidrofóbica pela P<ciclodextrina.

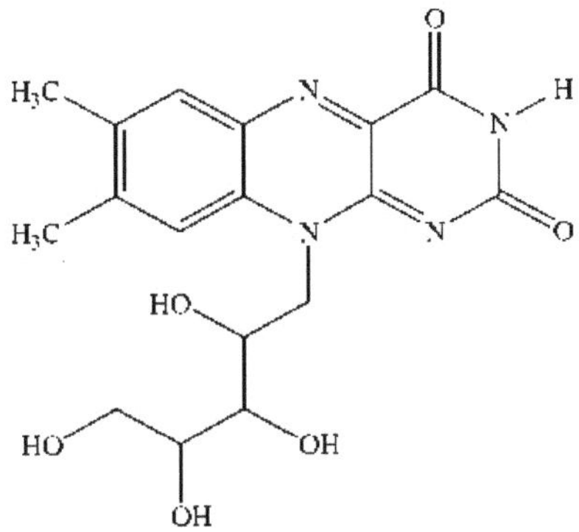

Figura 8 Ilustração esquemática da estrutura química da riboflavina.

Capítulo 3

3. Técnicas experimentais

3.1. Reologia

A reologia é a ciência da deformação e do fluxo da matéria. Preocupa-se com a resposta dos materiais a forças mecânicas. A deformação pode ser dividida em dois tipos: fluxo e elasticidade. O fluxo é uma deformação irreversívelZ quando a tensão é removida, o material não volta à sua configuração original. Enquanto que a elasticidade é uma deformação quase reversívelZ o corpo deformado recupera a sua forma original, e o trabalho aplicado é largamente recuperável. Os materiais viscoelásticos, como as soluções semidiluídas de polissacáridos, apresentam caraterísticas de fluxo e de elasticidade.

Cisalhamento estável

Nas medições de cisalhamento constante, utilizando uma geometria de cone e placa, o cone roda e cada ponto é medido a uma taxa de cisalhamento diferente, dando-nos a dependência da taxa de cisalhamento (*Y*= Q/tan a, em que Q é a velocidade de rotação angular constante do cone e a é o ângulo do cone). Neste modo, a viscosidade de cisalhamento (*n* = *a/Y*) da amostra pode ser determinada. A tensão de cisalhamento a é a força que um líquido em fluxo exerce sobre uma superfície (por unidade de área dessa superfície) na direção paralela ao fluxo. Num sistema newtoniano, a viscosidade é independente da taxa de cisalhamento. Algumas soluções poliméricas exibem um comportamento de cisalhamento (a viscosidade diminui com o aumento da taxa de cisalhamento). Este comportamento pode muitas vezes ser atribuído a associações intermoleculares e/ou emaranhados que são rompidos por forças de cisalhamento. Uma queda de viscosidade induzida por cisalhamento também pode ser observada em soluções diluídas através do alinhamento das cadeias de polímero no campo de cisalhamento. Muitos sistemas exibem espessamento por cisalhamento (aumento da viscosidade com o aumento da taxa de cisalhamento) a baixas taxas de cisalhamento, e afinamento por cisalhamento a taxas de cisalhamento mais elevadas. O estiramento e o alinhamento das cadeias poliméricas facilitam o acesso às associações intermoleculares, o que leva ao espessamento por cisalhamento. Em altas taxas de cisalhamento, as associações se rompem e o sistema exibe um comportamento de cisalhamento<desbaste.[29] Em baixas taxas de cisalhamento, a viscosidade assume um valor constante, o que produz a viscosidade de cisalhamento zero.

Cisalhamento oscilatório

A fim de determinar as propriedades dinâmicas do sistema, são efectuadas medições de cisalhamento oscilatório. Nas medições de cisalhamento oscilatório, a amostra é colocada sob a influência de uma variação periódica da tensão com uma alternância sinusoidal numa determinada frequência angular (w). A partir deste tipo de experiência, podem ser determinados o módulo de armazenamento ou resposta elástica (G'(w)), o módulo de perda ou resposta viscosa (G"(w)), o amortecimento (*tan 5*) e a viscosidade complexa (*n**) do sistema.

Analisar os dados

O rácio entre o módulo de armazenamento e o módulo de perda obtido a partir de uma experiência de cisalhamento oscilatório pode ser expresso como:

$$\tan\delta = \frac{G''}{G'} \qquad (1)$$

onde δ é a diferença de fase entre a tensão e a deformação no regime viscoelástico linear, e *tan* δ refere-se à tangente de perda ou amortecimento.[72,73] *tan 6* é elevado (>>1) para materiais que são líquidos< e é baixo (<< 1) para materiais que são sólidos<.[29]

O ponto de gel pode ser determinado a partir de medições de cisalhamento oscilatório.[72] De acordo com o modelo de Chambon e Winter,[73,74] o ponto de gel é caracterizado por uma independência de frequência de *tan*δ. Ao traçar *tan* δ em várias frequências angulares contra o parâmetro de formação de gel (por exemplo, tempo de reação ou temperatura), o ponto de gel pode ser determinado a partir do critério em que *tan*δ é independente da frequência. O ponto de gel pode também ser determinado encontrando o ponto em que os declives (os expoentes de relaxação aparentes n' e n") de G' e G" versus ω são os mesmos num gráfico log<log.[16]

$$G' \propto \omega^{n'},\ G'' \propto \omega^{n''} \qquad (2)$$

em que n ($0 < n < 1$) é o expoente de relaxação e n' = n"= n no ponto de gel.

Outro parâmetro que pode ser determinado a partir da medição do cisalhamento oscilatório é a viscosidade complexa (n*)[29]:

$$|\eta^*| = \frac{\sqrt{G'^2 + G''^2}}{\omega} \qquad (3)$$

3.2. *Fracionamento de fluxo assimétrico de campo@ (AFFFF)*

O campo de fluxo assimétrico<flow fractionation (AFFFF) é um método de separação inovador para a separação e caraterização eficientes de proteínas, polímeros e nanopartículas de uma forma rápida e suave. Com base no coeficiente de difusão da amostra, a separação ocorre num canal de fluxo aberto sem utilizar qualquer fase estacionária como é utilizado em SEC/GPC. O instrumento é constituído por dois detectoresZ um detetor de índice de refração (RI), que detecta a concentração, e um detetor de dispersão de luz multiangular (MALS), que mede o peso molecular e o tamanho das moléculas. O AFFFF oferece a possibilidade de determinar uma grande variedade de parâmetros físico-químicos diferentes da amostra,[75] tais como o peso molecular médio numérico (Mn), o peso molecular médio ponderal (Mw) e o raio de giração (Rg). O instrumento utilizado neste estudo tem uma grande gama de separação. As nanopartículas podem ser separadas de 1 nm a 100 pm e as proteínas, péptidos e polímeros com pesos moleculares de 10^3 a 10^{12} Da. A amostra é injectada com o fluxo da ponta e é focada numa banda estreita por um perfil de fluxo parabólico de ambos os lados. Ao mesmo tempo, a amostra é submetida a um campo de fluxo criado pelo fluxo cruzado, pressionando a amostra em direção à membrana. A difusão das moléculas faz com que as moléculas grandes se localizem mais perto da membrana e as moléculas mais pequenas se localizem mais longe da membrana (Figura 9, etapa 1). Após a fase de focalização, o fluxo cruzado é gradualmente reduzido a zero, fazendo com que as moléculas pequenas sejam eluídas primeiro, seguidas das moléculas maiores (Figura

9, etapa 2). Durante a medição, o caudal da ponta é variado de modo a manter constante o caudal do detetor (caudal do detetor = caudal da ponta + caudal de focalização - caudal cruzado).

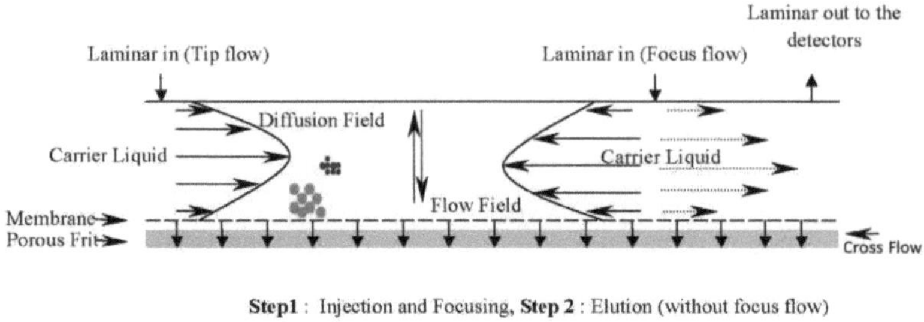

Figura 9. Esquema ilustrativo das direcções do fluxo durante todo o processo de separação em AFFFF.

Muitos estudos têm sido relatados sobre a caraterização de biomacromoléculas, tais como polissacarídeos, com a ajuda de AFFFF.[76<78] No entanto, deve ser apreciada uma atenção cuidadosa às condições de funcionamento corretas para cada amostra individual com diferentes propriedades estruturais e químicas.[79]

Analisar os dados

O peso<peso molecular médio (M_w), o número<peso molecular médio (M_n) e o raio de giração (R_G) podem ser determinados utilizando o software Postnova sem padrões (AF2000 Control, versão 1.1.011).[80]

3.3. Dispersão dinâmica da luz (DLS)

Em geral, a dispersão significa uma distribuição aleatória de determinados objectos, embora tenha um significado mais definido em física. Existem muitos tipos diferentes de objectos que podem causar dispersão, mas um pequeno grupo pode ser enumerado como partículas, bolhas, gotículas, flutuações de densidade em fluidos, defeitos em sólidos cristalinos e rugosidade da superfície. Uma fonte de energia, como a luz, os neutrões e os raios X, passa através da amostra e o feixe de dispersão em diferentes ângulos passa através do detetor (ver Figura 10).

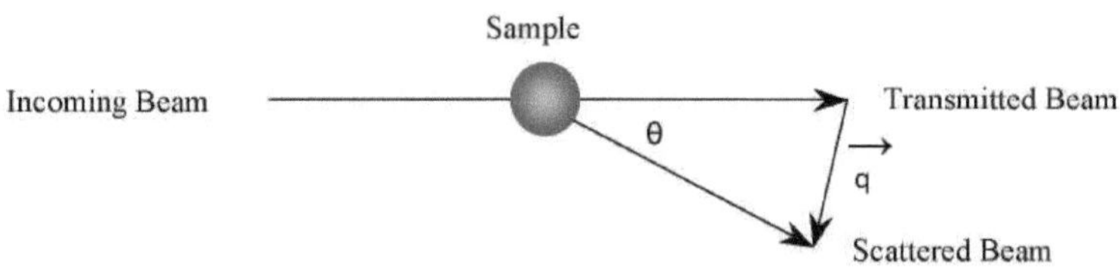

Figura 10. Um esquema simples do princípio de uma experiência de dispersão.

O ângulo de observação em relação à direção do feixe de luz incidente é designado por ângulo de dispersão e fornece uma medida para a escala de comprimento observada numa experiência de dispersão. Por outras palavras, o processo de dispersão permite-nos explorar um sistema a uma escala de comprimento $q^{\text{'}1}$. O vetor de onda *q* é dado por q = 4nn$_{ref}$/A sin(9/2), em que n$_{ref}$ é o índice de refração do meio, A é o comprimento de onda da luz incidente no vácuo e 9 é o ângulo de dispersão. A mesma equação de dispersão pode ser utilizada para um dado valor de q, independentemente de se utilizar luz visível, neutrões ou raios X numa experiência de dispersão. A informação obtida a partir da dispersão depende da quantidade qL (em que L é um comprimento caraterístico), existindo uma relação inversa entre a dimensão do objeto de dispersão e os valores de q a que se observa a dispersão. O valor da quantidade qL indica se as escalas de dimensão global (qL < 1) ou local (qL > 1) são sondadas.[81]

Todas as matérias são constituídas por átomos, que por sua vez são formados por cargas negativas e positivas. As interações da luz com a matéria provocam dispersão, que é o princípio das experiências de dispersão da luz. Se as moléculas ou partículas estivessem estacionárias, a intensidade da luz dispersa em cada direção seria constante, ao passo que, quando estão a sofrer movimentos brownianos, são geradas flutuações do padrão de intensidade dispersa nas soluções.[1] Para analisar quantitativamente a mobilidade das partículas por dispersão de luz, é útil expressar as flutuações da intensidade de dispersão em termos de funções de correlação. A análise detalhada da intensidade flutuante que é detectada como um sinal pelo detetor é traduzida matematicamente numa função de autocorrelação de intensidade.[82]

Analisar os dados

Uma experiência de dispersão dinâmica da luz permite determinar os tempos de relaxação do decaimento,[83]< [85] que relaxam numa certa escala de comprimento q'1. Se o campo disperso obedecer a uma estatística gaussiana, a função de autocorrelação da intensidade homódina medida, $g^{(2)}(t)$, está relacionada com a função de correlação de primeira ordem do campo elétrico, $g^{(1)}(t)$, pela relação de Siegert[86]:

$$g^{(2)}(t) = 1 + B\left|g^{(1)}(t)\right|^2 \qquad \textbf{(4)}$$

em que B (< 1) é um fator empírico.

Nalguns sistemas polidispersos, o decaimento da função de correlação é unimodal e apenas se observa um modo de relaxação [87]:

$$g^{(1)}(t) = A_f \exp\left[-\left(\frac{t}{\tau_{fe}}\right)^{\beta_f}\right] \qquad \textbf{(5)}$$

Na maioria dos sistemas semidiluídos de polímeros associados, a função de correlação apresenta modos de relaxação "rápidos" e "lentos" (bimodais), que podem ser descritos como uma exponencial única, seguida, em tempos mais longos, por uma exponencial esticada [34]:

$$g^{(1)}(t) = A_f \exp\left[-\left(\frac{t}{\tau_f}\right)\right] + A_s \exp\left[-\left(\frac{t}{\tau_{se}}\right)^{\beta_s}\right] \qquad \textbf{(6)}$$

O primeiro termo (comportamento 'rápido' do modoZ curto<tempo) do lado direito está sempre relacionado com o coeficiente de difusão e o segundo termo (comportamento 'lento' do modoZ longo<tempo) está associado ao relaxamento do desacoplamento de cadeias individuais [88] ou ao relaxamento de aglomerados.[89] Em alguns sistemas complexos, a função de correlação é descrita por uma exponencial dupla esticada [36]:

$$g^{(1)}(t) = A_f \exp\left[-\left(\frac{t}{\tau_{fe}}\right)^{\beta_f}\right] + A_s \exp\left[-\left(\frac{t}{\tau_{se}}\right)^{\beta_s}\right] \quad \textbf{(7)}$$

$$A_f + A_s = 1 \;,\; 0 < \beta\;(\beta_f, \beta_s) \leq 1$$

onde A_f e A_s são amplitudes para os modos de relaxação rápida e lenta, respetivamente. T_{fe} é um tempo efetivo de relaxação rápida, T_{se} é um tempo efetivo de relaxação lenta e p é uma medida da largura da distribuição dos tempos de relaxação.

Em algumas soluções emaranhadas, a função de correlação exibe três modos de relaxação.[90,91]

$$\tau_f \equiv \int_0^\infty \exp\left[-\left(\frac{t}{\tau_{fe}}\right)^{\beta_f}\right] dt = \frac{\tau_{fe}}{\beta_f}\Gamma\left(\frac{1}{\beta_f}\right) \quad \textbf{(8)}$$

$$\tau_s \equiv \int_0^\infty \exp\left[-\left(\frac{t}{\tau_{se}}\right)^{\beta_s}\right] dt = \frac{\tau_{se}}{\beta_s}\Gamma\left(\frac{1}{\beta_s}\right) \quad \textbf{(9)}$$

Os tempos médios de relaxamento (T_f, T_s) podem ser definidos a partir dos modos de relaxamento rápido e lento por: onde r é a função gama. O modo de relaxamento rápido é uma medida de como toda a rede flutua e se move de forma cooperativa, enquanto o modo de relaxamento lento define o movimento de cadeias individuais na rede. No caso de sistemas de associação diluídos, pode existir uma população bimodal de espécies pequenas e grandes, o que leva ao aparecimento de um modo de relaxação rápida e de um modo de relaxação lenta, respetivamente.[92]
O tempo de relaxação rápida é normalmente dependente de q^2,[89,91] o que revela que o sistema é difusivo. O coeficiente de difusão (DZ Dm é o coeficiente de difusão mútua numa solução *diluída*, e Dc é o coeficiente de difusão cooperativa[32] num sistema polimérico *semidiluído*) é uma medida de como as moléculas se movem, ou como a rede polimérica colectiva flutua na solução. O coeficiente de difusão pode ser determinado por83,84:

$$\tau_f^{-1} = D\,q^2 \quad \textbf{(10)}$$

Quando um sistema exibe um modo difusivo,[34] o raio hidrodinâmico (R_h) para soluções diluídas e o comprimento de correlação hidrodinâmico (ξ_h) para soluções semidiluídas podem ser calculados a partir da relação Stokes<Einstein[83,84]:

$$D \cong \frac{k_B T}{6\pi\eta_0 X} \quad \textbf{(11)}$$

em que X é identificado como R_h ou ξ_h.

3.4. *Dispersão de neutrões a baixos ângulos (SANS)*

Os neutrões interagem com os núcleos atómicos e com os campos magnéticos dos

electrões não emparelhados, o que os torna uma sonda útil tanto da estrutura como da ordem magnética. Foi dada muita atenção às interações nucleares para o estudo das moléculas biológicas.[93] Dado que o neutrão é uma partícula eletricamente neutra, é profundamente penetrante e, por isso, mais capaz de sondar o material a granel. Consequentemente, permite a utilização de uma vasta gama de amostras que são difíceis de sondar com as fontes de raios X de sincrotrão. Os neutrões podem ser utilizados para analisar materiais de várias naturezas. A técnica fornece informações valiosas sobre uma grande variedade de
aplicações científicas e tecnológicas, incluindo agregação química, defeitos em materiais, surfactantes, colóides, correlações ferromagnéticas no magnetismo, segregação de ligas, proteínas, membranas biológicas, vírus, ribossomas e polímeros. Durante uma experiência SANS, um feixe de neutrões é dirigido a uma amostra que pode ser uma solução aquosa, um sólido, um pó ou um cristal. Os neutrões são dispersos por alterações do índice de refração à escala nanométrica no interior da amostra, que é a interação com os núcleos dos átomos presentes na amostra.[94] A dispersão de neutrões é particularmente útil para investigar a forma e o tamanho das moléculas.

Analisar os dados

O SANS permite a investigação da estrutura mesoscópica de uma solução de polímero, o que torna o instrumento capaz de sondar a estrutura do polímero numa escala mais local. A grandes valores de q (qL >> 1), observa-se uma lei de potência em q e o valor do expoente da lei de potência (df) dá-nos informações sobre a forma do polímero. A relação entre o peso molecular e o raio de giração dos polímeros em soluções pode ser definida como R_g " M^v, em que v é o parâmetro de volume excluído e é igual a 0,33 (estrutura globular), 0,5 (bobina aleatória) e 0,6 (bobina aleatória) em condições termodinâmicas fracas, 9 e boas, respetivamente. O valor de v é " 1 para uma forma semelhante a uma haste. O expoente da lei de potência df é inversamente proporcional a v (df = 1/v). Isto conduz a valores de df de " 1 para a forma de bastão, " 1,7 para a bobina aleatória em boas condições, " 2 para a bobina aleatória em θ condições, e " 3 para estruturas globulares.[81] Nalguns sistemas, o perfil de intensidade de dispersão nivela-se a valores baixos de q (qL < 1), e este domínio semelhante a um planalto é designado por "regime de Guinier". Nesta condição, é possível determinar o tamanho das partículas ou aglomerados (Rg) e o tamanho da malha da rede(ξ). Se grandes estruturas de associação são
considerado em valores intermédios de q, isto leva a uma forte subida da intensidade espalhada neste intervalo de q que pode ser descrita por uma lei de potência (I (q) " q<z, ver Figura 1 1).[42,95,96] O valor do expoente da lei de potência é 4 no regime de Porod. Este valor caracteriza o espalhamento esperado a partir de pedaços macroscópicos de uma fase polimérica densa, com fronteiras nítidas.[97,98]

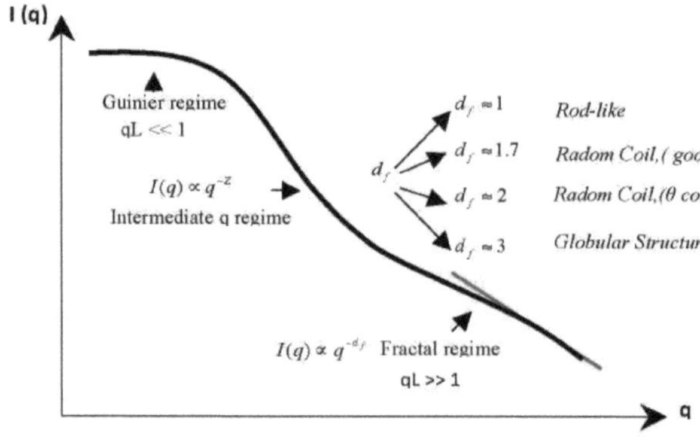

Figura 11. Ilustração da intensidade de dispersão SANS numa gama q alargada.

3.5. *Rheo@Small Angle Light Scattering (Rheo@SALS)*

O comportamento macroscópico de fluidos complexos depende normalmente da estrutura microscópica dos sistemas. As medições reológicas fornecem informações sobre as propriedades macroscópicas, mas não podem fornecer mais informações sobre a estrutura da amostra. Uma vez que as deformações mecânicas podem alterar a arquitetura do polímero, é necessário monitorizar as alterações estruturais durante o fluxo de cisalhamento para compreender melhor as caraterísticas reológicas do sistema.[99<101] A combinação de equipamento de dispersão de luz a pequeno ângulo e um reómetro permite uma correlação direta entre o comportamento reológico e a microestrutura da amostra. As caraterísticas estruturais e reológicas das soluções sob uma dada taxa de cisalhamento podem ser sondadas simultaneamente por reo<small angle light scattering (rheo<SALS).

Analisar os dados

O instrumento utilizado neste estudo está equipado com uma geometria de placas paralelas (ver Figura 12). Utilizando um prisma, o feixe de laser é deflectido e passa através da amostra colocada entre as placas transparentes. Um polarizador é colocado à frente do laser e o analisador por baixo da amostra, tornando possíveis experiências polarizadas (polarizador e analisador paralelos, utilizados neste estudo) e despolarizadas (polarizador e analisador perpendiculares). Os padrões de dispersão 2D são capturados num determinado momento utilizando uma câmara CCD, e os dados podem ser analisados pelo software SALS. [9,12]

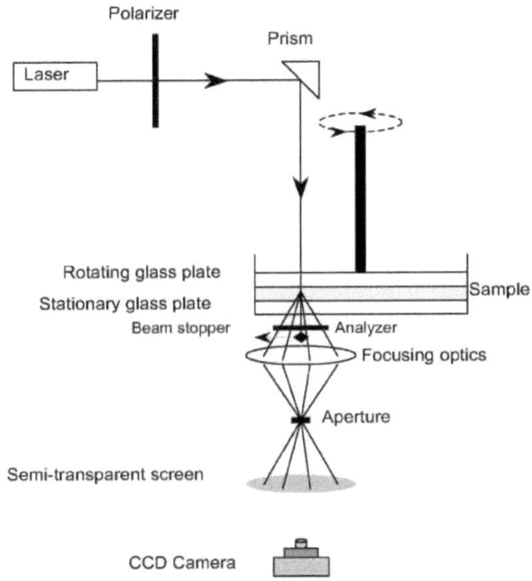

Figura 12 Diagrama esquemático da instalação do reo<SALS.

Capítulo 4

4. Discussões

4.1. Microgéis

Quando uma solução diluída de um derivado de celulose é quimicamente reticulada com um agente reticulante sob um cisalhamento constante, podem ser observados diferentes comportamentos, dependendo da estrutura do polímero. A Figura 13 mostra a evolução temporal da viscosidade para uma mistura de reação de 0,1 % em peso de HEC, HM<HEC ou dextrano na presença de 30 pl/g de DVS. Observam-se ligações cruzadas intermoleculares (aumento da viscosidade) para todos os sistemas, enquanto a compactação intramolecular (diminuição da viscosidade) é detectada para a HEC antes do aumento da viscosidade. O mínimo na curva de viscosidade< taxa de cisalhamento é favorecido em taxas de cisalhamento moderadas porque o movimento rotacional pode expor um maior número de grupos hidroxila de uma única cadeia ao reticulante. Isto facilita a ligação cruzada intramolecular. Na taxa de cisalhamento mais elevada, o estiramento e a rotação rápida das cadeias podem impedir a formação de ligações cruzadas intra e interpolímeros (ver Figura 13a). O tempo de início do aumento da viscosidade é deslocado para um tempo mais curto à medida que as concentrações do polímero e do reticulante aumentam.[8] A compactação e a estrutura ramificada das bobinas de dextrano[38,102] provavelmente evitam o encolhimento das cadeias de polímero (ver Figura 13b).

O comportamento é mais complicado para as soluções HM<HEC. Devido às interações hidrofóbicas intermoleculares, desenvolve-se uma saliência em tempos intermédios, seguida de um forte aumento da viscosidade, tal como para os outros sistemas (ver Figura 13b). A associação melhorada em algumas soluções de polímeros devido às interações hidrofóbicas foi previamente relatada.[66,103] O gráfico da Figura 13c mostra que a viscosidade aumenta ligeiramente para HM<HEC sem adição de agente reticulante. A viscosidade aumentada para o sistema sem reticulante é muito menor em comparação com o HM<HEC na presença de reticulante (Figura 13c). Isto sugere que, nesta fase, tanto as associações hidrofóbicas como algumas ligações cruzadas intermoleculares podem dar origem a um aumento da viscosidade antes de se observar um aumento acentuado. As interações hidrofóbicas entre duas ou mais cadeias poliméricas na presença de fluxo de cisalhamento aproximam-nas umas das outras e, consequentemente, a possibilidade de ligações cruzadas intermoleculares aumenta e a influência deste efeito inibe a observação de ligações cruzadas intramoleculares na gama considerada de concentrações de polímero e de reticulante. A reticulação do polímero na presença de p<CD (fornecido pela Fluka), que se sabe ser capaz de encapsular os grupos hidrofóbicos, pode testar esta hipótese.[65,67,104] As interações hidrofóbicas são desactivadas pelo encapsulamento dos grupos hidrofóbicos no interior das cavidades do p<CD. O perfil de viscosidade da solução de HM<HEC na presença de p<CD é semelhante ao do dextrano. A razão pela qual o perfil não é o mesmo que para a HEC pode ser explicada em dois cenários: i) A probabilidade de encapsulamento de grupos hidrofóbicos na parte exterior (que estão em contacto com outras moléculas) pode ser maior e, como resultado, as interações hidrofóbicas no interior da bobina fazem com que estas encolham e se comportem como o dextrano. ii) Alguns dos locais

activos (grupos hidroxilo) que poderiam estar disponíveis para a reação de reticulação já foram substituídos por grupos hidrofóbicos.

Os aglomerados podem deformar-se, quebrar-se e agregar-se a outros aglomerados.[105] Espera-se que os flocos ou aglomerados se rompam sob a influência de taxas de cisalhamento relativamente altas. A competição entre a formação e a quebra de cadeias de interagregados pode ser observada para todos os sistemas no pico.[8,9]

No entanto, a orientação e o tipo (flocos ou rede) dos aglomerados também podem afetar o comportamento reológico.[105] Os aglomerados formados através do processo de agregação podem ser altamente ramificados e podem assemelhar-se a fractais.[106]

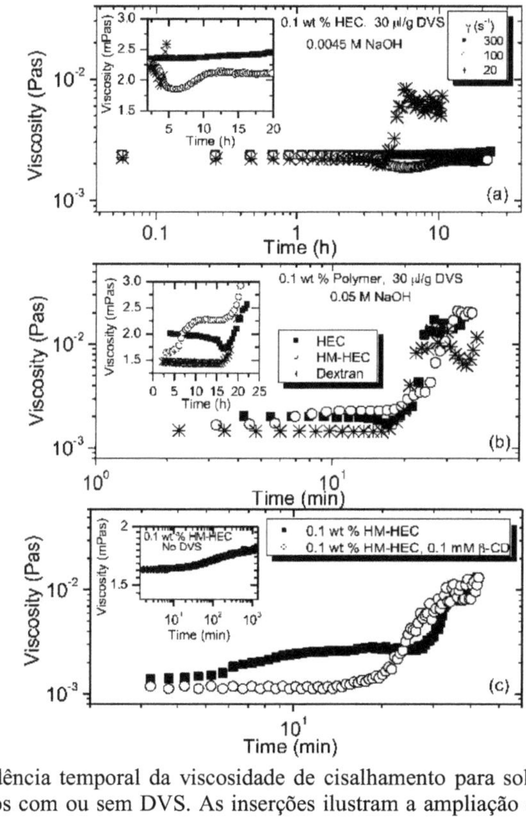

Figura 13 Dependência temporal da viscosidade de cisalhamento para soluções de 0,1 wt % dos polímeros indicados com ou sem DVS. As inserções ilustram a ampliação dos dados em torno das zonas de transição.

A reticulação intrapolímero de HEC e DVS não é observada nas medições de DLS (Figura 14a). A razão pode ser o papel dominante das ligações cruzadas intermoleculares em condições quiescentes.

As medições de DLS em tempos longos não foram possíveis devido ao aumento da turbidez[8] pela formação de grandes agregados à medida que a reação de ligação cruzada prossegue. Apesar de as concentrações das soluções poliméricas serem baixas, verificou-se que os decaimentos das funções de correlação eram bimodaisZ uma exponencial única seguida, em tempos mais longos, por uma exponencial esticada. As funções de correlação foram analisadas com o auxílio das eqs. 6 e 9. O gráfico da Figura 14a mostra que as funções de relaxação rápida e lenta são deslocadas para tempos mais longos, indicando a formação de grandes associações à medida que a reação de ligação cruzada continua. Para estudar o crescimento dos aglomerados em tempos diferentes, as amostras foram arrefecidas pela adição de várias gotas de HCl concentrado. O raio hidrodinâmico (calculado pela eq. 11) aumenta com o aumento do tempo de arrefecimento, o que mostra que os aglomerados crescem à medida que a reação de reticulação prossegue (ver Figura 14b).

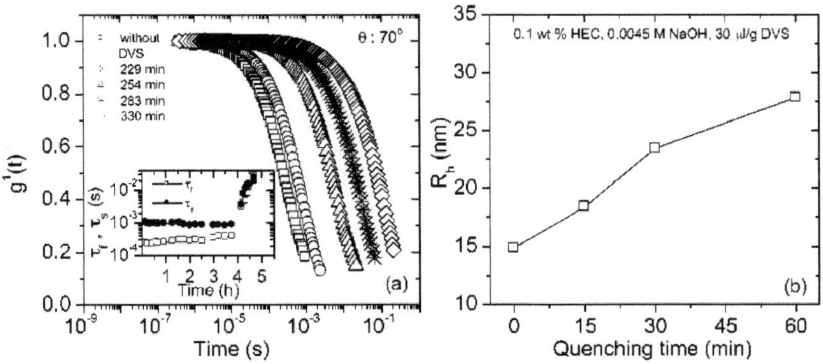

Figura 14 (a) Função de correlação do campo elétrico de primeira ordem versus tempo para soluções de HEC a 0,1 wt % sem reticulante e com 30 pl/g de DVS em diferentes fases da reação de reticulação. O gráfico inserido mostra os tempos de relaxamento rápido e lento. (b) O raio hidrodinâmico da solução de HEC a 0,1 % em peso com 30 pl/g de DVS em diferentes tempos de arrefecimento.

A Figura 15 apresenta padrões de intensidade de dispersão 2D SALS em diferentes momentos durante as reacções de reticulação de HEC e HM<HEC a uma taxa de cisalhamento fixa de 30 s$^{<1}$ e para HEC quando não é aplicado cisalhamento. Todos os padrões são quase isotrópicos nesta gama de vectores de onda, indicando que não ocorrem grandes alterações estruturais nesta escala dimensional. Para HEC, são detectados sinais muito fracos nos primeiros tempos, enquanto os padrões são mais pronunciados para HM<HEC no mesmo período de tempo (ver Figura 15a). Esta diferença é provavelmente o efeito das interações hidrofóbicas intermoleculares para o sistema HM<HEC antes de ocorrer o aumento acentuado da viscosidade. As tendências globais da viscosidade são as mesmas para a geometria cone<placa e placa<placa, mas devido a uma resolução mais fraca para a disposição placa<placa, não foi possível observar o mínimo da curva de viscosidade. A intensidade da dispersão diminui quando os flocos são rompidos pelo cisalhamento em tempos mais longos (por exemplo, após 55 min). A rutura dos aglomerados não pode ser detectada quando não é aplicado cisalhamento ao sistema e, em vez disso, é observado um aumento progressivo da intensidade de dispersão (Figura 15b, $Y = 0$ s<$^{1)}$.

As imagens de intensidade de dispersão para o dextrano são quase constantes nos primeiros tempos (tal como para a HEC) e observa-se um aumento acentuado após 17 minutos.[9]

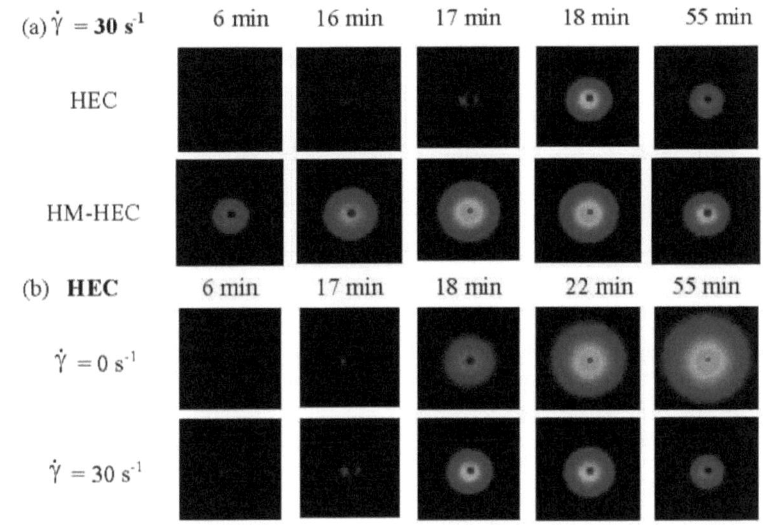

Figura 15. Padrões SALS 2D em diferentes fases durante a reação de reticulação para (a) soluções de 0,1 % em peso dos polímeros indicados na presença de 30 µl/g DVS a uma taxa de cisalhamento constante de 30 $s^{<1}$ e (b) 0,1 % em peso de HEC à taxa de cisalhamento indicada na presença de 30 µl/g DVS.

Para elucidar esta conclusão, a intensidade de dispersão num valor fixo baixo de q (q = 0,27 μm^{-1})) é apresentada na Figura 16. O aumento da intensidade de dispersão para HM<HEC nos primeiros tempos (Figura 16a) é um sinal da formação de complexos de associação através de grupos hidrofóbicos, uma vez que a intensidade é constante durante o mesmo período de tempo para HEC. Após um aumento acentuado da intensidade, esta diminui como resultado da desagregação dos flocos com o cisalhamento. O comportamento diferente de HM<HEC em tempos longos, provavelmente indica que as taxas de desagregação e reconstrução dos agregados estão em equilíbrio a esta taxa de cisalhamento. No estado quiescente (Figura 16b), é detectada uma zona de transição acentuada numa fase inicial, enquanto que em tempos mais longos a intensidade diminui. Isto sugere que os agregados são formados durante o processo de reticulação e crescem até um tamanho limite através da reticulação intermolecular. Nesta fase, as taxas de formação e desagregação de grandes agregados por movimento browniano anulam-se mutuamente e observa-se um valor constante da intensidade.

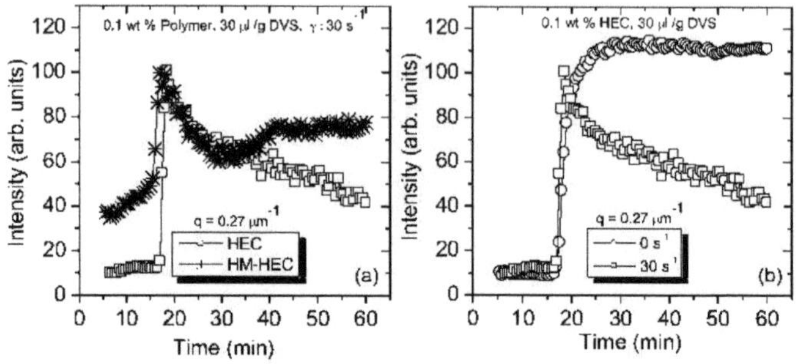

Figura 16 (a) Evolução temporal da intensidade de dispersão durante o processo de reticulação de (a) 0,1 wt % dos polímeros indicados a uma taxa de cisalhamento fixa de 30 $\mathrm{s}^{<1}$ e (b) soluções de HEC 0,1 wt % a uma taxa de cisalhamento zero e a uma taxa de cisalhamento de 30 $\mathrm{s}^{<1}$.

16.2. Macrogéis

O ponto de gel de uma solução semidiluída de hidroxietilcelulose (HEC) na presença de um reticulante (DVS) é detectado por dois métodos experimentais diferentes com a ajuda de um reómetro. Na Figura 17a, a independência da frequência de *tan*δ no ponto de gel[72] é ilustrada para uma solução de 1 wt % de HEC na presença de 10 μl/ g DVS. O tempo de gelificação diminui à medida que a concentração de DVS aumenta.[10 40]

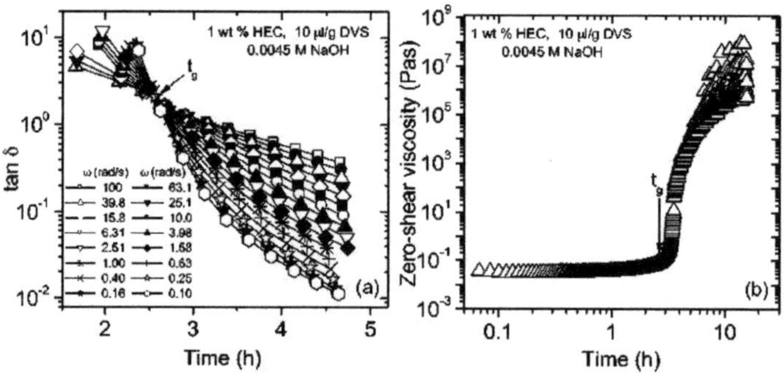

Figura 17 (a) Tangente de perda viscoelástica em função do tempo para as frequências indicadas durante a reação de reticulação da solução de HEC a 1 wt % na presença de 10 pl/g de DVS (b) Evolução temporal da viscosidade de cisalhamento zero durante a gelificação para o sistema indicado. O tempo de gelificação (t_g) é indicado.

É possível determinar o ponto de gel aproximado através de medições de cisalhamento constantes se a magnitude da taxa de cisalhamento for ajustada à medida que a viscosificação do sistema aumenta. A Figura 17b mostra a evolução da viscosidade de cisalhamento a baixas taxas de cisalhamento para o mesmo sistema. Para monitorizar uma aparente viscosidade de cisalhamento zero, o valor da taxa de cisalhamento foi continuamente reduzido durante o processo de gelificação. Uma transição acentuada da viscosidade para valores mais elevados é detectada no ponto de gelificação. Durante um longo período de tempo, na região pós-gel, o solvente é expulso da amostra de gel e este fenómeno é normalmente referido como "sinérese".[10,19,107] A dispersão dos dados de viscosidade observados em tempos longos pode, em certa medida, refletir este efeito. Uma resposta mais sólida é encontrada para este sistema à medida que o gel se aproxima da região pós-gel.[10 41]

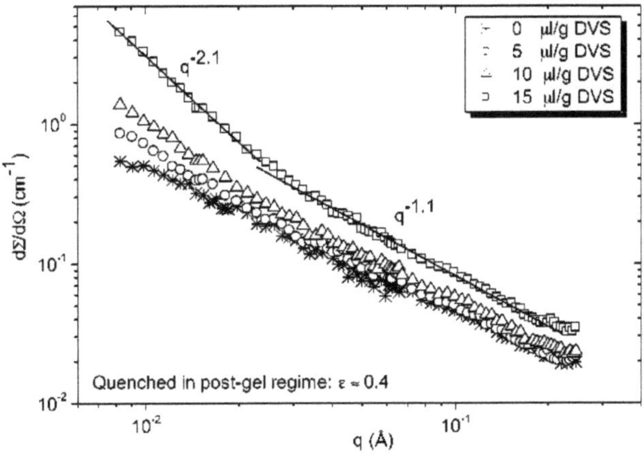

Figura 18 Intensidade de dispersão SANS versus vetor de dispersão q para uma solução de HEC a 1 wt % sem (sem gel) e com (gel) diferentes concentrações de reticulante. Para os géis, a reação de reticulação foi extinta numa determinada fase ε " 0,4, em que E é a distância relativa do ponto de gel e pode ser determinada a partir de $\varepsilon = (t - t_g)/t_g$. (t é o tempo considerado e tg é o tempo de gelificação).

Para investigar a estrutura das redes de HEC numa escala dimensional mesoscópica, foi efectuada uma série de medições SANS em géis com diferentes concentrações de reticulantes. Os géis foram arrefecidos na região pós-gel a uma certa distância e (ver Figura 18) do ponto de gel. A subida progressivamente mais forte da intensidade de dispersão em valores baixos *de q* à medida que a concentração de reticulante aumenta revela a formação de domínios multicadeia.[42] Esta caraterística pode ser descrita por uma lei de potência com o declive de <2,1 para a amostra com a maior concentração de DVS. A formação de flutuações de grande escala à medida que a concentração de reticulante aumenta, leva a uma subida gradualmente mais forte da intensidade de dispersão nesta gama *q*. Foram registados diferentes valores do expoente da lei de potência para sistemas poliméricos de várias naturezas.[66,93,108] Na gama q elevada, não é possível detetar qualquer efeito da concentração de reticulante. Um valor do expoente da lei de potência < 1,1 mostra que as cadeias poliméricas são esticadas localmente nesta escala de comprimento curto e a reação de reticulação não afecta a estrutura local da rede.

4.3. *Biopolímeros no nosso corpo*

4.3.1. Hialuronano

A degradação do polímero é uma alteração das propriedades de um polímero ou de um produto à base de polímero sob a influência de factores ambientais como a luz, o calor ou produtos químicos externos. A degradação pode ser indesejável ou desejável.

Sabe-se que o hialuronano e o seu derivado de sal de sódio são degradados por vários factores, tais como o grupo hidroxilo,[52] radicais de oxigénio,[109,110], ultra-sons[111], condições alcalinas [112,113] e ácidas[113,114]. A degradação do hialuronano no interior do organismo pode causar doenças como mesotelioma e artrites inflamatórias.[115] No entanto, os cientistas estão a considerar a melhoria desta propriedade (*in vitro*) através da produção de hidrogéis de HA com elevada resistência mecânica por meio de reticulação química.[116] Por outro lado, a quebra destas cadeias biomacromoleculares de forma controlada, torna-o um bom candidato para aplicações de administração de fármacos.[55]

Para obter uma visão detalhada do comportamento do HA em diferentes condições, foi efectuada uma série de medições com várias técnicas em soluções diluídas e semidiluídas de um sal de sódio de hialuronano (HA) com ou sem agente reticulante.

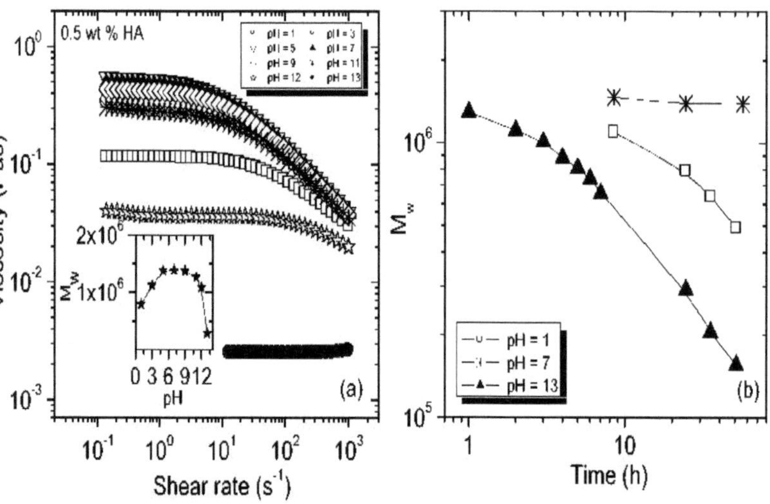

Figura 19 (a) Viscosidade em função da taxa de cisalhamento para sistemas semidiluídos tamponados de hialuronano nos valores de pH indicados. O gráfico inserido mostra o efeito do pH no peso molecular médio. (b) Avaliação temporal da degradação de soluções de HA a 0,5 % em peso em termos de peso molecular a partir de AFFFF nos valores de pH indicados. A dissolução de HA em solventes a pH 1 e 7 exigiu mais tempo do que a pH 13. Esta é a razão pela qual faltam os pontos de dados para estes dois valores de pH nos primeiros tempos. (As amostras foram diluídas durante as experiências com AFFFFZ - ver o texto para mais pormenores).

A Figura 19a ilustra o efeito do pH na viscosidade de soluções de HA tamponadas a 0,5 wt %. O afinamento por cisalhamento é observado a taxas de cisalhamento elevadas e a valores de pH intermédios. No regime semidiluído, as moléculas de polímero estão fortemente emaranhadas e a viscosidade depende da taxa de fluxo de cisalhamento·[(32)] A taxas de cisalhamento elevadas, a taxa de rutura da rede para soluções de HA semidiluídas excede a taxa a que as associações e os emaranhados são reformados e, como resultado, regista-se o afinamento por cisalhamento. A queda da viscosidade de cisalhamento zero em valores baixos e altos de pH é atribuída à rutura intramolecular das cadeias de polímero. Além disso, a alteração conformacional das cadeias de HA a um pH muito elevado também pode contribuir para a forte diminuição da viscosidade. O efeito da viscosidade torna-se evidente através da medição do peso molecular médio (M_w) das amostras com a ajuda de AFFFF (ver o gráfico inserido). A forte diminuição do peso molecular a valores de pH baixos e elevados sugere a clivagem das ligações glicosídicas das cadeias de HA. O peso molecular é aproximadamente constante em valores de pH intermédios. A mesma tendência de degradação para a solução de HA a 0,05% em peso é observada nesta gama de valores de pH.[11]

Para monitorizar a cinética de degradação da HA em diferentes pH, o peso molecular das soluções de HA em vários momentos foi medido com a ajuda de AFFFF. As concentrações de soluções de HA preparadas em tampões com vários valores de pH foram de 0,5 wt %. Depois de ajustar os valores de pH para neutro (as soluções muito ácidas ou básicas destroem a membrana do instrumento), a concentração das soluções de HA era de ~ 0,3 % em peso. Verifica-se uma forte diluição das amostras durante todas as experiências com AFFFF, e as concentrações efectivas dos polímeros sondados nas medições são aproximadamente 100 vezes inferiores. A Figura 19b demonstra que a cisão das ligações glicosídicas é muito mais rápida a pH = 13 do que a pH = 1, ao passo que quase não se observa degradação a pH = 7.

As cadeias de HA podem ser clivadas por fotodegradação na presença de um fotossensibilizador, como a riboflavina.[70] Na Figura 20, está representada a diminuição da viscosidade a uma taxa de cisalhamento baixa para amostras de HA de 0,5 % em peso dissolvidas em 0,1 mM de RF (fornecido pela Sigma<Aldrich). O feixe de um laser de iões de árgon (Lexel laser, modelo 95), que funciona com um comprimento de onda de 457,9 nm, foi focado na amostra. As soluções foram continuamente irradiadas em tempos diferentes.

Para conseguir uma iluminação homogénea da solução, ambos os lados das células da amostra foram expostos à luz durante o mesmo período de tempo. A iluminação da amostra na presença de riboflavina leva à formação de radicais livres, que podem atacar as ligações glicosídicas das moléculas de HA e, consequentemente, levar a uma redução da viscosidade da solução. A clivagem da cadeia é gradualmente interrompida em longos períodos de irradiação, o que se deve provavelmente ao consumo de todas as moléculas de riboflavina ao longo do tempo. Para elucidar este fenómeno, uma solução de HA com uma concentração mais elevada de RF (1 mM) foi iluminada durante 2 h. O gráfico da figura mostra que a viscosidade diminui fortemente para a amostra com uma quantidade mais elevada de riboflavina.

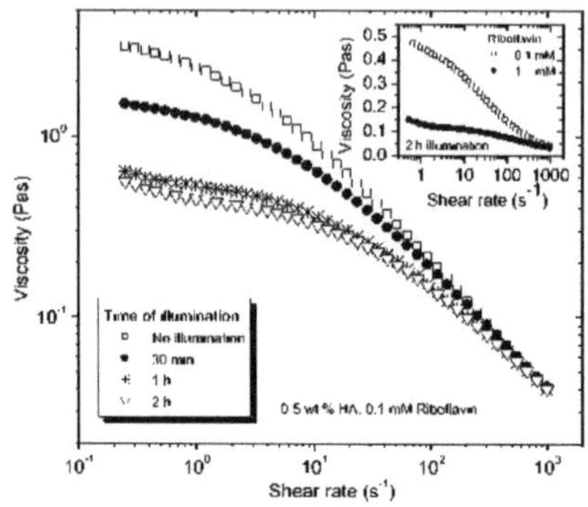

Figura 20 Viscosidade em função da taxa de cisalhamento para não irradiado e irradiado (em diferentes tempos de iluminação) de 0,5 % em peso de HA dissolvido em 0,1 mM de RF. O gráfico inserido mostra o efeito da concentração de RF na degradação da solução de HA a 0,5 % em peso após 2 h de iluminação.

A evolução temporal de $|\eta^*|$ para soluções de HA de 0,5 wt % com e sem reticulante é apresentada na Figura 21a. A formação intermolecular de ligações éster durante a reação de ligação cruzada para a amostra na presença de 5 % em peso e 10 % em peso de WSC como agente de ligação cruzada induzirá a ligação cruzada e a formação de uma rede de gel. No entanto, as ligações éster são conhecidas por serem sensíveis à hidrólise[117] e este fenómeno pode ser observado nos valores complexos de viscosidade versus tempo na Figura 21a. As curvas de viscosidade passam por um máximo antes de a rede ser interrompida pela hidrólise das ligações de éster. Como foi demonstrado na Figura 19, o HA é sensível ao pH e foi observada uma ligeira diminuição do Mw a pH ~ 4. Outra razão para a diminuição do valor de $|\eta^*|$ pode ser a degradação das cadeias de HA na presença de ácido cítrico (pH ~ 4 adicionando 0,05 wt % CA). A diminuição gradual da viscosidade do complexo é demonstrada para uma solução de HA de 0,5 % em peso com 0,05 % em peso de CA e sem WSC. No entanto, a presença de um reticulante pode ter um efeito importante na magnitude da degradação, uma vez que a amostra com maior concentração de reticulante (10 wt %) apresenta valores $|\eta^*|$ mais baixos após o pico do que a amostra com 5 wt %. Foi referido[118] que, ao bloquear a função carboxilo num mucopolissacarídeo, a hidrólise da ligação glicosilurónica resistente aos ácidos pode ser aumentada. A viscosidade complexa é quase constante durante um longo período de tempo para a solução de HA sem CA/WSC.

A Figura 21b mostra os resultados das medições AFFFF durante um longo período de tempo para 0,5 % em peso de HA (as amostras foram diluídas durante as experiências com AFFFF) na presença de 0,05 % em peso de CA e 5 % em peso de WSC. Não é possível efetuar medições durante a formação do gel devido à elevada viscosidade da rede reticulada. O peso molecular e a polidispersidade do polímero passam por um máximo (ca. 40 h) e diminuem durante vários dias após o início do processo de ligação cruzada. O valor máximo de Mw anuncia a formação de espécies grandes devido à reação de reticulação. Esta competição entre a reticulação e a degradação do polímero resulta numa amostra extremamente polidispersa (Mw/Mn =

26). Os baixos valores de Mw após vários dias revelam que a maioria das ligações éster estão hidrolisadas e que ocorreu a cisão das ligações glicosídicas nas cadeias de HA.

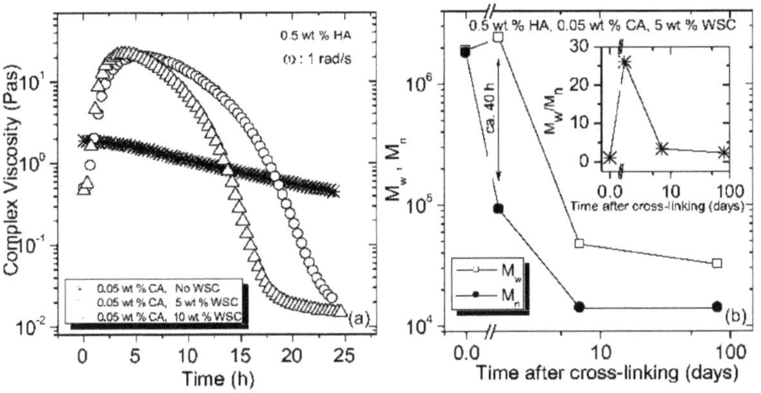

Figura 21 (a) Evolução temporal do valor absoluto da viscosidade complexa para soluções de HA a 0,5 % em peso na presença de CA a 0,05 % em peso, com e sem WSC como agente reticulante. (b) Peso molecular médio (Mw) e peso molecular médio numérico de 0,5 % em peso de HA na presença de 0,05 % em peso de CA e 5 % em peso de WSC em função do tempo após o início da reação de reticulação. O índice de polidispersão (Mw/Mn) é apresentado no gráfico inserido.

Para estabilizar e manter a rede de gel reticulado de HA o maior tempo possível, o efeito de outros componentes e agentes reticulantes também foi examinado. A Figura 22 mostra uma comparação da evolução temporal da viscosidade complexa no curso de gelificação e degradação para 0,5 wt % de HA
na presença de 10 wt % WSC, com e sem L<lysineME, e através da reação de condensação multicomponente de Ugi. A presença de L< lisinaME leva à formação de ligações amida, que são conhecidas por terem maior resistência à hidrólise. Deve ser mencionado que ambas as ligações éster e amida são geradas durante a reação de reticulação para a amostra contendo WSC e L<lysineME. Como resultado desta interação, pode ser observada uma rutura da rede na presença de L<lysineME, mas a degradação da rede é adiada para um período de tempo mais longo. É detectada uma degradação moderada para a rede de gel preparada através da reação de Ugi, porque a maioria das ligações de reticulação nesta reação multicomponente são ligações amida. A possível formação de ligações éster pela reação de condensação paralela de Passerini produz apenas uma diminuição moderada da viscosidade do complexo para a amostra preparada através da reação de Ugi. A possibilidade de clivagem das ligações glicosídicas das cadeias de HA nas redes que foram formadas através de qualquer uma destas reacções de ligação cruzada não pode ser ignorada.

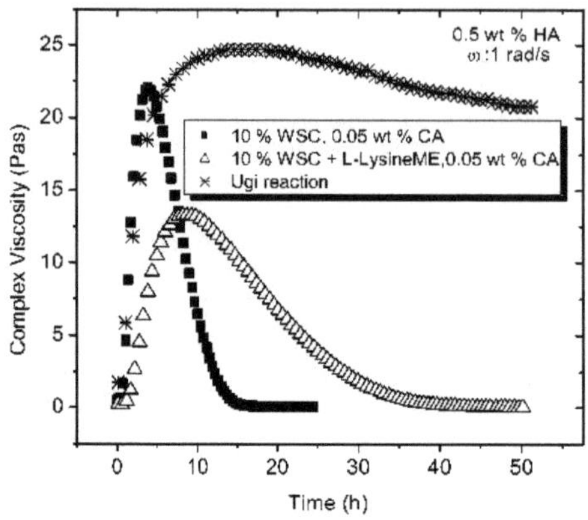

Figura 22 Evolução temporal do valor absoluto da viscosidade do complexo no decurso do processo de gelificação de 0,5 % em peso de HA na presença de 0,05 % em peso de CA e 10 % em peso de WSC, com e sem 1 % em peso de L<lysineME, e na presença de 0,13 % em peso de 1,5<diaminopentano como reticulante para a reação de condensação de Ugi de quatro componentes.

Os resultados das experiências reológicas em amostras de HA durante a reticulação com WSC são consistentes com os resultados da DLS (ver Figura 23). O tempo de relaxamento rápido aumenta à medida que a rede de gel evolui e o valor máximo está localizado quase na mesma posição que o valor correspondente da viscosidade complexa.[119] A reticulação intermolecular dá origem a uma rede mais heterogénea e conduz a uma diminuição do valor do coeficiente de difusão. Uma maior heterogeneidade pode também ser deduzida a partir dos valores do tamanho médio da malha da rede (^), determinado pela relação de Stokes<Einstein (eq. 11).[83,84,119] Uma rede mais homogénea pode ser formada por quebra de ligações éster e cisão de cadeias durante a hidrólise, uma vez que os valores do tempo de relaxação rápida apresentam uma tendência decrescente em tempos mais longos. A formação de pequenas espécies poliméricas por reorganização da rede durante a hidrólise causará um aumento do coeficiente de difusão e um tempo de relaxação mais rápido.

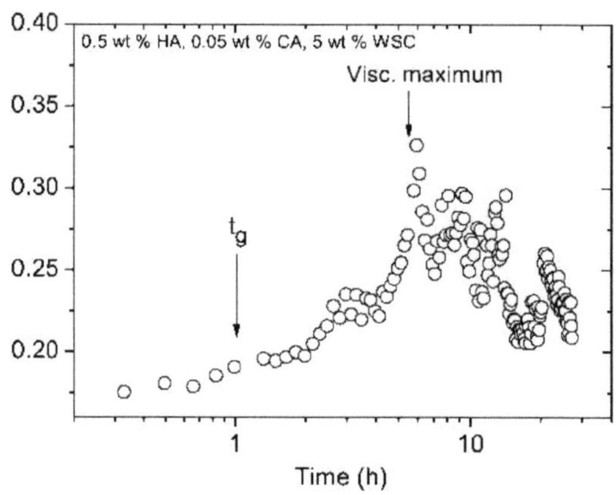

Figura 23 Evolução temporal do tempo de relaxamento rápido para 0,5 % em peso de HA na presença

de 5 % em peso de WSC. É apresentado o tempo de gelificação e o tempo em que a viscosidade se aproxima de um valor máximo.

Apesar das fracas ligações glicosídicas da HA nas várias condições acima mencionadas, as cadeias poliméricas podem ser bastante estáveis contra perturbações mecânicas e de temperatura. A Figura 24a mostra o efeito da temperatura na viscosidade de uma solução de HA de 1 wt %. Neste caso, foram efectuadas medições de cisalhamento constante (0,01 $s^{<1}$) na amostra durante 60 minutos a cada temperatura. As experiências começaram a 10 °C e a temperatura foi aumentada continuamente até 45 °C, sendo depois arrefecida a 25 °C. O tempo de espera a cada temperatura antes da medição foi de 10 minutos. A viscosidade da solução de HA diminui com o aumento da temperatura. Este efeito deve-se provavelmente a uma maior mobilidade cadeias a temperaturas elevadas. Ao arrefecer a temperatura de 45 °C para 25 °C, a viscosidade do HA volta praticamente ao mesmo valor anterior. Isto indica que não é visível qualquer efeito de histerese do HA nesta concentração e nesta gama de temperaturas.

O efeito de um aumento progressivo da taxa de cisalhamento e o retorno ao valor mais baixo da taxa de cisalhamento no comportamento estrutural de uma solução de HA de 0,2 e 2 % em peso é exibido na Figura 24b. Antes de cada corrida de taxa de cisalhamento, as amostras de HA são deixadas em repouso por 1 h antes da próxima taxa de cisalhamento ser aplicada. A viscosificação induzida pelo tempo da solução de HA a 0,2% em peso à taxa de cisalhamento mais baixa pode ser atribuída ao alinhamento e alongamento induzidos pelo cisalhamento das cadeias de polímero e à formação de ligações de hidrogénio. Este efeito não pode ser observado para concentrações elevadas de soluções de HA, como 2% em peso, uma vez que a rede forte que é fornecida pelo crescimento de emaranhados em concentrações elevadas de polímero impedirá a deformação das cadeias de HA neste campo de fluxo relativamente fraco.

À medida que as perturbações transitórias da taxa de cisalhamento se tornam mais fortes, a viscosidade diminui. Passa por um mínimo e aumenta novamente ao diminuir a taxa de cisalhamento. A viscosidade é quase restaurada quando a taxa de cisalhamento se aproxima do valor mais baixo, mas a viscosificação da solução de HA de 0,2 wt % não é tão pronunciada como no início. Isso pode ser um efeito da forte taxa de cisalhamento a que a amostra foi submetida durante a experiência. A associação induzida por cisalhamento de soluções de polímero foi relatada anteriormente.[13]

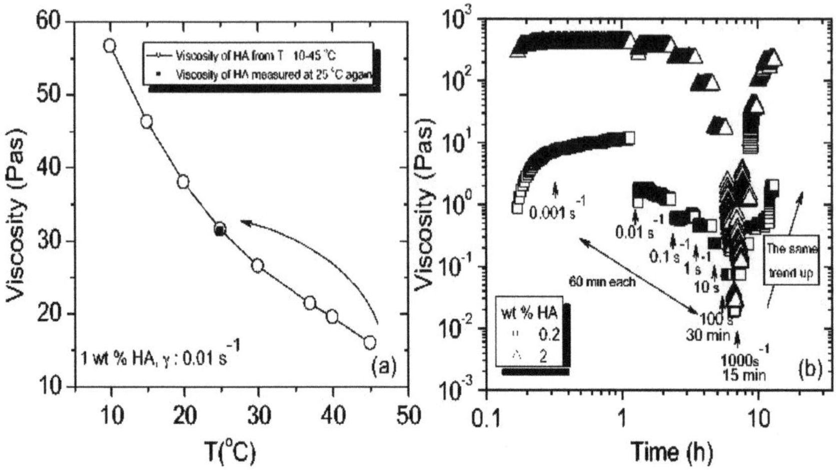

Figura 24 (a) Viscosidade em função da temperatura para uma solução de HA de 1 wt % a uma taxa de cisalhamento fixa de 0,01 s< [1]. O quadrado preenchido (■) é a viscosidade a 25 C imediatamente após a extinção da temperatura de 45 C para 25 C. Os valores indicados no gráfico são as viscosidades após 30 min. (b) Viscosidade em função do tempo de cisalhamento, em que a taxa de cisalhamento é aumentada periodicamente até 1000 $s^{<1}$, seguida de uma diminuição subsequente da taxa de cisalhamento com a mesma periodicidade que na curva de rampa ascendente para solução de HA de 0,2 wt % e 2 wt %.

A ilustração esquemática do comportamento da viscosidade da solução de HA a uma concentração relativamente baixa e alta sob o efeito de uma taxa de cisalhamento baixa e alta é apresentada na Figura 25. Para uma solução diluída de HA (Figura 25a), as cadeias estão alinhadas sob a influência de uma taxa de cisalhamento baixa e a probabilidade de formação de agregados através de ligações de hidrogénio é aumentada, o que conduz a uma maior viscosidade da solução. Foi relatada a formação de grandes agregados em soluções diluídas de hialuronano com a ajuda de medições SANS e DLS em condições quiescentes.[120] No entanto, quando a taxa de cisalhamento aumenta fortemente, as ligações de hidrogénio podem quebrar-se e, consequentemente, verifica-se uma queda da viscosidade. O cenário é diferente quando a concentração de polímero é aumentada (Figura 25b). O fluxo de baixo cisalhamento quase não tem efeito sobre a viscosificação de soluções de HA semidiluídas, uma vez que o estiramento e o alinhamento das cadeias de HA são impedidos por uma forte rede emaranhada no campo de fluxo fraco. A uma taxa de cisalhamento elevada, as junções da rede, bem como algumas ligações de hidrogénio, podem quebrar-se e a viscosidade diminui, o que se designa por diluição por cisalhamento.

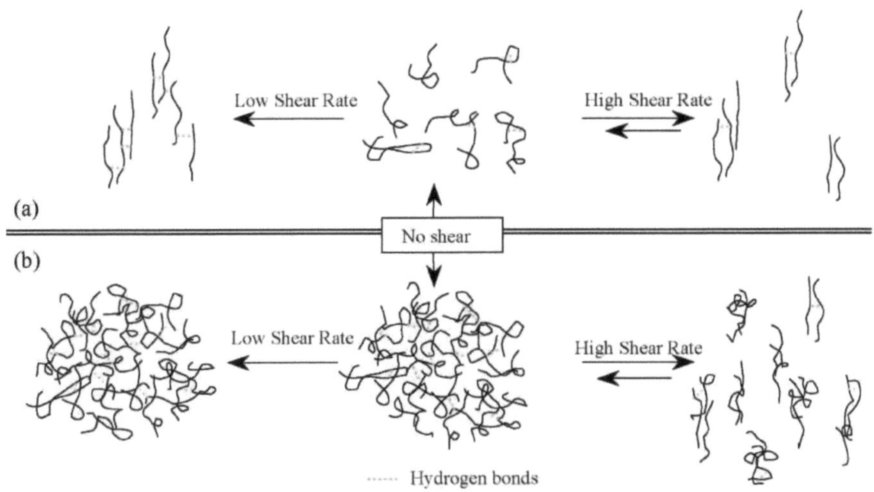

Figura 25 Ilustrações esquemáticas da associação induzida por cisalhamento em soluções de HA diluídas e semidiluídas a taxas de cisalhamento baixas e elevadas. (a) A baixa concentração, o efeito de espessamento por cisalhamento pode ser detectado sob a influência de uma baixa taxa de cisalhamento e uma diminuição da viscosidade é observada a uma alta taxa de cisalhamento (b) A alta concentração, nenhuma viscosificação é encontrada a uma baixa taxa de cisalhamento, enquanto que a uma alta taxa de cisalhamento é observada a viscosificação por cisalhamento.

4.3.2. Mucina

O efeito do pH sobre as caraterísticas estruturais e dinâmicas da rede transitória de soluções de mucina semidiluídas, bem como o comportamento de moléculas individuais de mucina em soluções diluídas, foi estudado com o auxílio de DLS e reo<SALS.

Como se pode ver na Figura 6, até à data não existe uma definição clara da estrutura química da mucina. No entanto, foi referida a existência de grupos aniónicos carregados e de domínios hidrofóbicos.[58] Esta estrutura complexa com repulsões electrostáticas e formação de associações hidrofóbicas afectará fortemente as propriedades físico-químicas e reológicas deste polímero. A densidade de carga da mucina altera-se com o valor do pH. As interações electrostáticas conduzirão à formação de complexos com caraterísticas interessantes, tanto em soluções diluídas como semidiluídas de mucina. Este é o tema da discussão que se segue.

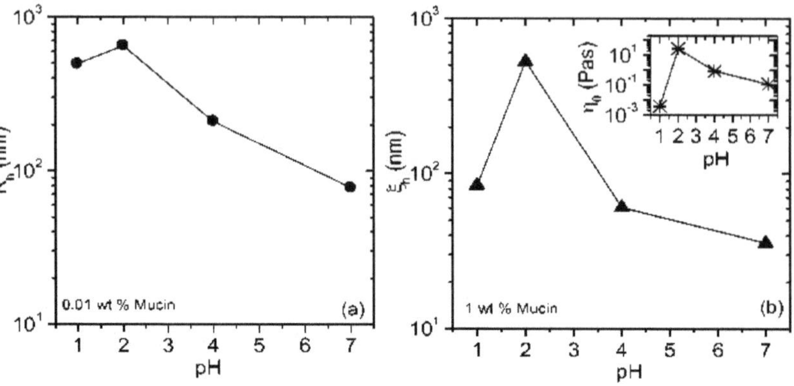

Figura 26 (a) O raio hidrodinâmico em função do pH para 0,01% em peso de mucina. (b) Dependência do pH do comprimento de rastreio ^h, calculado a partir do modo de relaxação rápida para 1% em peso de mucina. A inserção mostra o efeito do pH na viscosidade de cisalhamento zero medida por reo<SALS.

A Figura 26a mostra o raio hidrodinâmico (R_h), calculado a partir da eq. 11, de uma solução diluída (0,01 wt %) de mucina em função do pH. Foi argumentado que, a um pH de cerca de 2, o potencial zeta da mucina se aproxima de zero.[121] Como resultado, as associações entre grupos hidrofóbicos são dominantes e podem formar os grandes complexos inter-cadeias.

O aumento da viscosidade e a agregação da mucina gástrica de porco a pH baixo foram relatados anteriormente.[60,122] A pH mais baixo (pH < 2), a mucina torna-se positivamente carregada, levando à contração dos complexos inter-cadeias e a valores mais baixos de R_h. Em valores de pH acima de 2, a mucina é carregada negativamente e a densidade de carga aumenta com o aumento do pH. Este aumento da densidade de carga induz uma maior repulsão eletrostática e cadeias mais longas. As interações intermoleculares serão dispersas nesta fase e R_h reduz-se para um valor muito inferior (R_h " 75 nm). Os dados de intensidade reduzida das medições DLS revelam o mesmo tipo de perfil com um valor máximo a um pH de cerca de 2.[12]

A alteração da malhagem caraterística da rede transiente (^h, calculada a partir da eq 11) para uma solução de mucina a 1 wt % a diferentes pH está representada na Figura 26b. As interações hidrofóbicas reforçadas a pH " 2 formarão uma rede mais heterogénea com o aparecimento de grandes "grumos", o que conduz a um valor máximo de ^h. O aumento da densidade de carga à medida que o pH diminui ou aumenta pode causar uma dissociação dos "grumos" e reduzir o valor de ^h devido às forças repulsivas. O tempo de relaxação lenta mais longo é detectado para a solução de mucina semidiluída a pH " 2 pelas medições de DLS.[12] Isto indica fortes interações entre as cadeias a este pH e concentração de polímero.[89,123,124] Uma ilustração esquemática das estruturas da rede nestas três fases é apresentada na Figura 27.

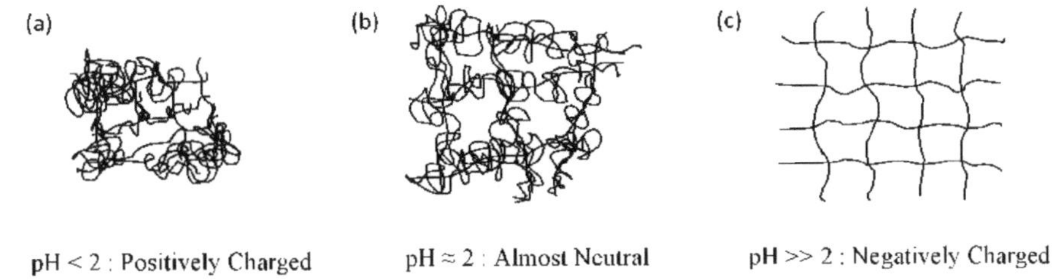

Figura 27 Ilustração esquemática da possível formação de redes em soluções de mucina semidiluídas a diferentes pH.

A contração das cadeias a pH < 2 (como se mostra na Figura 27a) é apoiada pelos resultados de viscosidade. O gráfico inserido na Figura 26b mostra os dados de viscosidade de cisalhamento zero da experiência reo<SALS para uma solução de mucina de 1 wt %.

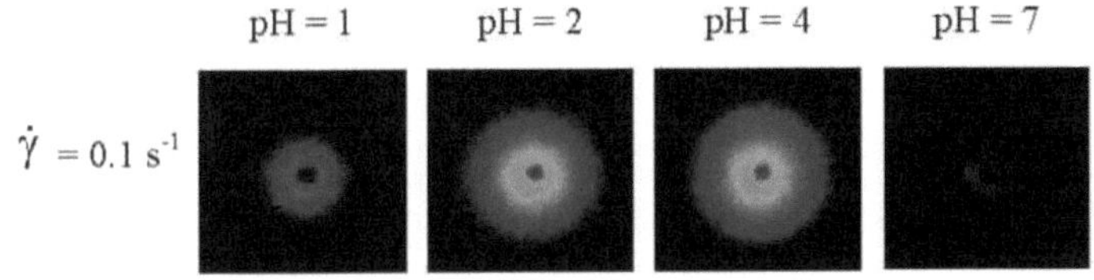

Figura 28 Padrões SALS 2D de soluções de mucina a 1 % em peso a uma taxa de cisalhamento de 0,1 $s^{<1}$ e aos valores de pH indicados.

A Figura 28 mostra padrões de intensidade de dispersão 2D SALS para soluções de mucina a 1 % em peso a 0,1 $s^{<1}$ e a diferentes valores de pH. O perfil de intensidade dispersa é mais forte a pH 2 e pH 4, o que anuncia a formação de estruturas de várias cadeias a estes valores de pH. Para elucidar esta constatação, os dados de intensidade podem ser representados como uma função de q em diferentes valores de pH.

Os perfis de intensidade SALS para soluções de mucina a 1 % em peso a uma taxa de cisalhamento de 0,1 $s^{<1}$ e diferentes valores de pH estão representados na Figura 29. Os símbolos abertos mostram os valores de intensidade ao longo da direção do fluxo e os símbolos sólidos na vertical. A forte subida da intensidade de dispersão a valores baixos de q a pH 2 e pH 4 indica a formação de heterogeneidades de grande escala na solução.[95,104] A dependência q da intensidade de dispersão ($I(q) \sim q^{Ld}$) de soluções de mucina a 1 wt % a valores baixos de q é apresentada no gráfico inserido com um expoente de lei de potência em função do pH. O valor mais elevado de *d* a pH 2 e pH 4 sugere o efeito de associação reforçado dos domínios de várias cadeias nas soluções.[104] Os valores do expoente da lei de potência para a solução de mucina a um pH fixo são quase independentes da taxa de cisalhamento.[12]

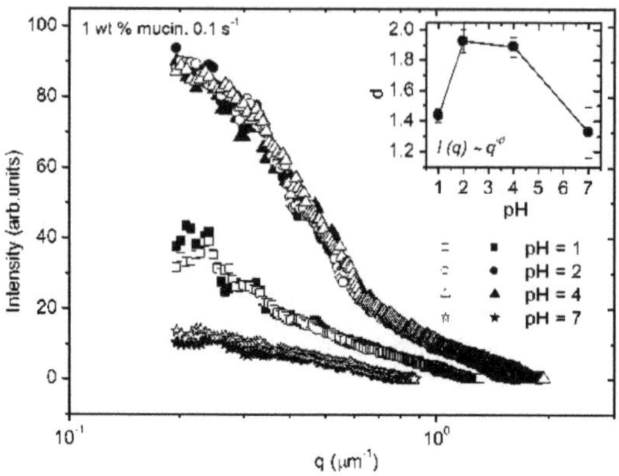

Figura 29 Intensidade de dispersão SALS traçada versus vetor de dispersão q para soluções de mucina a 1 % em peso a uma taxa de cisalhamento de 0,1 $s^{<1}$ e os valores de pH indicados. As dependências angulares das intensidades de dispersão ao longo da direção do fluxo (símbolos abertos) e verticalmente (símbolos sólidos) foram analisadas através do programa de software. O gráfico inserido mostra a dependência q ($I(q) \sim q^{-d}$) da solução de mucina a 1% em peso a diferentes pH na direção do fluxo.

A Figura 30 mostra padrões de intensidade de dispersão 2D SALS para soluções de mucina a 1 % em peso a pH = 2 e diferentes taxas de cisalhamento. O perfil de intensidade dispersa revela um padrão anisotrópico com um padrão de dispersão elíptico com um eixo principal paralelo à direção do fluxo à taxa de cisalhamento mais elevada (1000 $s^{<1}$). Isto indica a formação de flutuações de concentração de grande amplitude ao longo da direção do fluxo nesta gama q. As flutuações de concentração aumentadas em soluções de polímeros sob a influência do fluxo de cisalhamento foram relatadas anteriormente.[125]

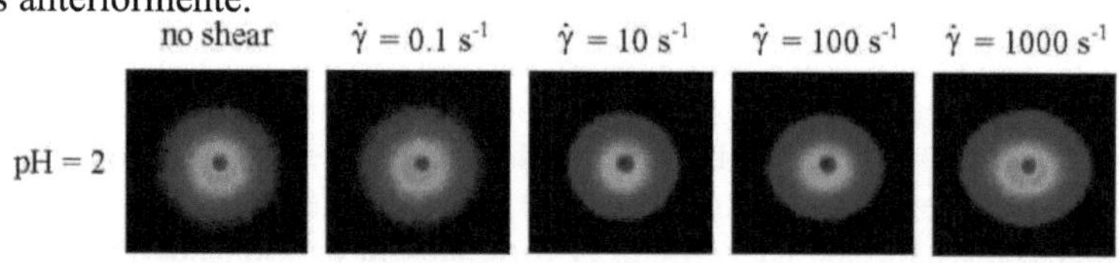

Figura 30. Padrões SALS 2D de soluções de mucina a 1 wt % a pH = 2 e taxas de cisalhamento indicadas.

Observações finais

Neste estudo, foram fornecidas algumas informações novas sobre a influência de fluxos de cisalhamento constantes em associações intramoleculares e intermoleculares em soluções aquosas alcalinas diluídas de HEC, dextrano e HM<HEC na presença de DVS como um reticulador. Em soluções de HEC, a contração intra-cadeia sob tensão de cisalhamento conduz a uma diminuição da viscosidade, seguida de um aumento acentuado da viscosidade devido a ligações cruzadas intermoleculares e à formação de grandes agregados. As medições de DLS em condições quiescentes não revelam qualquer contração, mas apenas agregação de várias cadeias sob a influência de movimentos brownianos. A compactação das bobinas de dextrano impede o efeito de contração neste tipo de polissacarídeo ramificado, mas a agregação entre cadeias é observada como no sistema HEC. Nas soluções de HM< HEC, não se verificam ligações cruzadas intrapolímeros no decurso da reação. A presença de grupos hidrofóbicos em HM<HEC gera as interações hidrofóbicas antes das ligações cruzadas intermoleculares, e este efeito ofusca a contração das espécies. Estes complexos de associação começam a formar-se numa fase inicial e podem ser ajustados na presença de p<CD. Os domínios hidrofóbicos são encapsulados por moléculas de p<CD truncadas. A reologia e o reo<SALS demonstram a formação e a rutura de estruturas de associação em tempos mais longos sob tensão de cisalhamento constante.

O comportamento estrutural da HEC com DVS é diferente quando a concentração do polímero aumenta. A reticulação de soluções semidiluídas de HEC com DVS leva a uma rede de gel interconectada. Ao aumentar a concentração de reticulante, o tempo de gelificação diminui e a subida da intensidade de dispersão SANS em valores baixos de q é reforçada. Isto sugere que a adição de reticulante promove o crescimento das heterogeneidades no gel, mas nenhum efeito da concentração de reticulante é detectado na faixa de q alta ou em escalas de comprimento curtas.

Em solução aquosa, a solução de HA é degradada em condições ácidas (pH < 4) ou básicas (pH > 11). O grau de degradação do HA é mais acentuado em pH elevado, e o processo é mais rápido em pH = 13 do que em pH = 1. As experiências AFFFF mostram que o peso molecular diminui à medida que o valor do pH diminui ou aumenta. No caso de uma solução de HA (0,5 wt %) ser exposta à luz (A = 457,9 nm) na presença de RF como fotossensibilizador, a degradação do polímero também pode ser efectuada.

A riboflavina produz radicais neste comprimento de onda, que podem atacar as ligações glicosídicas na cadeia de HA e, assim, conseguir a clivagem da cadeia. A adição de WSC como reticulante a uma solução semidiluída de HA gera um gel estabilizado com muitas ligações de éster. Os resultados reológicos mostram que o valor absoluto da viscosidade complexa passa por um máximo e depois cai devido à quebra da rede por hidrólise das ligações de éster e clivagem da cadeia. Esta degradação pode ser reduzida adicionando L<lysineME ao sistema e, consequentemente, introduzindo algumas ligações amida, que são conhecidas por serem menos sensíveis à hidrólise. Quando a reação Ugi é utilizada, a maioria das ligações de reticulação são ligações amida e, como resultado, desenvolve-se um gel

mais estável. A influência da tensão de cisalhamento constante foi examinada em soluções de HA. O sistema mostra um espessamento por cisalhamento a uma baixa concentração de HA (0,2 % em peso) e uma taxa de cisalhamento fixa baixa (0,001 $s^{<1}$) e observa-se um afinamento por cisalhamento à medida que a taxa de cisalhamento aumenta. Quase nenhum efeito de histerese é encontrado no retorno gradual a baixas taxas de cisalhamento. Os resultados das medições de viscosidade mostram que as soluções de HA a 1 wt % são quimicamente estáveis a temperaturas entre 10 °C e 45 °C.

Foi investigada a influência do pH na caraterística estrutural da mucina em solução. A formação de grandes complexos de associação é observada em soluções diluídas de mucina com a ajuda de experiências de DLS a pH 2. Isto indica que o polímero exibe neutralidade de carga ou baixa densidade de carga a este pH. À medida que o pH diminui ou aumenta, as interações repulsivas electrostáticas impedem a formação de agregados interpoliméricos das moléculas de mucina. O modo de relaxação rápida em soluções semidiluídas de mucina é sempre difusivo. O comprimento de correlação
($^{\wedge}h$) determinada pela relação Stock<Einstein é mais elevada a pH 2 do que a outros valores de pH, o que se deve à formação de uma rede heterogénea através de interações hidrofóbicas a este pH.

Há sempre muitos aspectos diferentes na avaliação deste tipo de sistemas. E como diz Pierre<Gilles de Gennes§ : "Ainda há espaço para muita imaginação".

§ Collège de France, Prémio Nobel da Física em 1991Z por ter descoberto que os métodos desenvolvidos para estudar os fenómenos de ordem em sistemas simples podem ser generalizados a formas mais complexas da matéria, em particular aos cristais líquidos e aos polímeros.

Referências

Experimental Methods in Polymer Science, Modern Methods in Polymer Research and Technology, Editado por Tanaka T., Academic Press, EUA, **2000**.

Responsive Polymer Materials, Design and Applications, Editado por Minko S. Blackwell Publishing, Ames, Iowa, EUA **2006**.

Hoffman A. S. *Hydrogels for Biomedical Applications* Advanced Drug Delivery Reviews **2002**, 43, 3-12.

Peppas N. A., Bures P., Leobandung W., Ichikawa H. *Hydrogels in Pharmaceutical Formulations*, European Journal of Pharmaceutics and Biopharmaceutics **2000**, 50, 27-46.

Yoshida R., Sakai K., Okano T., Sakurai Y., *Pulsatile Drug Delivery Systems Using Hydrogels*, Advanced Drug Delivery Reviews **1993**, 11,85-108.

Park T. G. *Temperature Modulated Protein Release from pH/Temperature Sensitive Hydrogels*, Biomaterials **1999**, 20, 517521.

Kim J. J., Park K., *Smart Hydrogels for Bioseparation*, Bioseparation **1999**, 7, 177-184.

Maleki A., Kj0niksen A.-L., Nyström B. Effect of Shear on Intramolecular and Intermolecular Association during CrossLinking of Hydroxyethylcellulose in Dilute Aqueous Solutions, Journal of Physical Chemistry B **2005**, 109, 12329-12336.

Liu Z., Maleki A., Zhu K., Kj0niksen A.-L., Nyström B. Intramolecular Association during Chemical Cross-linking of Dilute Solutions of Different Polysaccharides under the Influence of Shear Flow, Journal of Physical Chemistry B **2008**, 112, 10821089.

Maleki A., Kj0niksen A.-L., Knudsen K. D., Nyström B. Dynamical and Structural Behaviour of Hydroxyethylcellulose Hydrogels obtained by Chemical Gelation, Polymer International **2006**, 55, 365-374.

Maleki. A., Kj0niksen A.<L., Nystrom B. Effect of pH on the Behaviour of Hyaluronic Acid in Dilute and Semidilute Aqueous Solutions, Macromolecular Sumposia **2008**, 274(1), 131<140.

Maleki A., Lafitte G., Kj0niksen A.<L., Thuresson K., Nystrom B. Effect of pH on the Association Behaviour in Aqueous Solutions of Pig Gastric Mucin, Carbohydrate Research **2008**, 343, 328<340.

Kj0niksen A.<L., Hiorth M., Roots J., Nystrom B., *ShearInduced Association and Gelation of Aqueous Solution of Pectin*, Journal of Physical Chemistry B. **2003**, 107, 6324<6328.

Esquenet C., Terech P., Boué F., Buhler E., *Structural and Rheological Properties of Hydrophobically Modified Polysaccharide Associative Networks*, Langmuir **2004**, 20, 3583<3592.

Walderhaug H., Kj0niksen A.<L., Nystrom B., *Diffusion of Poly(ethylene oxide) Chains in Gelling and Nongelling Aqueous Mixtures of Ethyl(hydroxyethyl)cellulose and a Surfactant by Pulsed Field Gradient NMR*, Journal of Physical Chemistry B **1997**, 101, 8892-8897.

KjOniksen A.<L., Nystrom B. *Effects of Polymer Concentration and CrossLLinking Density on Rheology of Chemically CrossLLinked Poly(vinyl alcohol) near the Gelation Threshold*, Macromolecules **1996**, 29, 5215-5222.

Bu H., KjOniksen A.<L., Knudsen K. D., Nystrom B. *Propriedades reológicas e estruturais do alginato aquoso durante a gelificação através da reação de condensação multicomponente de Ugi*, Biomacromolecules **2004**, 5, 1470-1479.

Jeong B., Kim S. W., Bae Y. H., *Hidrogéis reversíveis SolLGel termossensíveis*, Advanced Drug Delivery Reviews **2002**, 54, 37-51.

Maleki A., Beheshti N., Zhu K., KjOniksen A.-L., Nystrom B., *Shrinking of Chemically CrossLLinked Polymer Networks in the Postgel Region*, Polymer Bulletin **2007**, 58, 435-445.

Murray M. J., Snowden M. J., *The Preparation, Characterization and Applications of Colloidal Microgels*, Advances in Colloid and Interface Science **1995**, 54,73-91.

Morris G. E., Vincent B., Snowden M. J., *The Interaction of Thermosensitive, Anionic Microgels with Metal Ion Solution Species*, Progress in Colloid and Polymer Science **1997**, 105, 16< 22.

Funke W., Walter K., *MicrogéisLFuncionais Globular Macromolecules*, Polymer Journal **1985**, 17, 179<187.

Omari A., Chauveteau G., Tabary R., *Gelation of Polymer Solutions under Shear Flow*, Colloids and Surfaces A: Physicochemical Engineering Aspects **2003**, 225, 37<48.

Wang B., Mukataka S., Kodama M., Kokufuta E., *Viscometric and Light Scattering Studies on Microgel Formation by YLRay Irradiation to Aqueous OxygenLfree Solutions of Poly(vinyl alcohol)*, Langmuir **1997**, 13, 6108<6114.

Lu X., Hu Z., Gao J., *Synthesis and Light Scattering Study of Hydroxypropyl Cellulose Microgels*, Macromolecules **2000**, 33, 8698<8702.

Brasch U., Burchard W., *Preparação e propriedades de solução de micro-hidrogéis de poli (álcool vinílico)*, Macromolecular Chemical Physic **1996**, 197, 223<235.

Le Berre F., Chauveteau G., Pefferkorn E., *Shear Induced Aggregation / Fragmentation of Hydrated Colloids*, Journal of Colloid and Interface Science **1998**, 199, 13<21.

Serra T., Casamitjana X., *Structure of the Aggregates During the Process of Aggregation and Breakup Under a Shear Flow*, Journal of Colloid and Interface Science **1998**, 206, 505<511.

Ronald G., L. em *The Structure and Rheology of Complex Fluids*, Oxford University Press: Nova Iorque **1999**.

Hansen P. H. F., Malmsten M., Bergenstahl B., Bergstrom L., *Orthokinetic Aggregation in Two Dimensions of Monodisperse and Bidisperse Colloidal Systems*, Journal of Colloid and Interface Science **1999**, 220, 269<280.

Synthesis, Characterization, and Theory of Polymeric Networks and Gels,

Editado por Aharoni S. M., Plenum Press, Nova Iorque e Londres, **1992**.
de Gennes P.<G., em *Scaling Consepts in polymer Physics*, Cornell University Press, Ithaca e Londres, **1979**.
Physical Properties of Polymeric Gels, Editado por Addad J. P. C., John Wiley and Sons Ltd., Grã-Bretanha **1996**.
Nystrom B., Lindman B., *Propriedades dinâmicas e viscoelásticas durante o processo de gelificação térmica de um éter de celulose não iónico dissolvido em água na presença de tensioactivos iónicos*, Macromolecules **1995**, 28, 967<974
Cuvelier G., Launay B., *Dependência de Frequência das Propriedades Viscoelásticas de Alguns Géis Físicos Perto do Ponto de Gel*, Química Macromolecular, Simpósio Macromolecular **1990**, 40, 23-31.
Kj0niksen, A.-L., Nystrom, B., *Dynamic Light Scattering of Poly (vinyl alcohol) Solutions and Their Dynamical Behavior during the Chemical Gelation* Process, Macromolecules **1996**, 29, 71167123.
Sannino A., Madaghiele M., Conversano F., Mele G., Maffezzoli A., Netti P. A., Ambrosio L., Nicolais L., *Cellulose DerivativeL Hyaluronic AcidLBased Microporous Hydrogels CrossLLinked through Divinyl Sulfone (DVS) to Modulate Equilibrium Sorption Capacity and Network Stability*, Biomacromolecules **2004**, 5, 9296.
Silioc C., Maleki A., Zhu K., Kj0niksen A.-L., Nystrom B., *Effect of Hydrophobic Midification on Rheological and Swelling Features during Gelation of Aqueous Polysaccharides*, Biomacromolecules **2007**, 8, 719-728.
Essafi W., Lafuma F., Williams C. E., *Evidência estrutural de renormalização de carga em soluções semi-diluídas de polielectrólitos altamente carregados*, The European Physical Journal B **1999**, 9, 261-266.
Borsali R., Nguyen H., Pecora R., *SmallLAngle Neutron Scattering e Dynamic Light Scattering from a Polyelectrolyte Solution: DNA*, Macromolecules **1998**, 31, 1548-1555.
Bodycomb J., Hara M., *Light Scattering Study of Ionomers in Solution. 5. Análise CONTIN de Dados de Dispersão Dinâmica de Ionómero de Poliestireno Sulfonado num Solvente Polar (Dimetilformamida)*, Macromolecules **1995**, 28, 8190<8197
Ermi B. D., Amis E. J., *Influence of Backbone Solvation on Small Angle Neutron Scattering from Polyelectrolyte Solutions*, Macromolecules **1997**, 30, 6937<6942.
Miyajima T., Kitsuki T., Kita K., Kamitani H., Yamaki K., *Derivado de Polissacarídeo, Processo de Preparação e Utilização do mesmo*, Patente dos EUA 5, 891,450, 6 de abril **de 1999**.
Liu S., Weaver J. V. M., Save M., Armes S. P. *Synthesis of pHL Responsive Shell CrossLLinked Micelles and Their Use as Nanoreactors for the Preparation of Gold Nanoparticles*, Langmuir **2002**, 18, 8350<8357.
Encyclopedia of Polymer Science and Engineering, Editado por Kroschwitz J. I., Wiley J. and Sons, **1985**, 3.

Creuzet C., Kadi S., Rinaudo M., Auzely<Velty R., *Novos Sistemas Associativos Baseados em Ácido Hialurónico Alquilado. Synthesis and Aqueous Solution Properties*, Polymer **2006**, 47, 2706<2713.

Walker G. J., *Dextrans,* International Review of Biochemistry **1978**, 16, 75<126.

Van Tomme S. R., Hennink W. E., *Biodegradable Dextran Hydrogels for Protein Delivery Applications*, Expert Review of Medical Devices **2007**, 4, 147<164.

Weng L., Chen X., Chen W., *Rheological Chracterozation of in Situ Crosslinkable Hydrogels Formulated from Oxidized Dextran and NL Carboxyethyl Chitosan*, Biomacromolecules **2007**, 8, 1109<1115.

Mehvar R., *Dextran for Targeted and Sustained Delivery of Therapeutic and Imaging Agents*, Journal of Controlled Release **2000**, 69, 1-25.

Meyer K., Palmer J. W., *The Polysaccharide of the Vitreous Humor,* The Journal of Biological Chemistry **1934**, 107, 629<634.

The Chemistry, Biology and Medical Applications of Hyaluronan and its Derivatives, Editado por Laurent T. C., Portland Press Ltd, Londres **1998**, 72, 7<15.

Meyer K., em *The Enzymes*, Edited by Boyer P. D., Academic, New York **1971**,5, pp 307-320.

Balazs E. A., *Physical Chemistry of Hyaluronic Acid*, Federation Proceedings **1958**, 17, 1086<1093.

Vercruysse K. P., Prestwich G. D., *Hyaluronate Derivatives in Drug Delivery*, Critical Reviews in Therapeutic Drug Carrier Systems **1998**, 15, 513-555.

Crescenzi V., Francescangeli A., Capitani D., Mannina L., Renier D., Bellini D., *Hyaluronan Networking via Ugi's Condensation using Lysine as CrossLlinker Diamine*, Carbohydrate Polymers **2003**, 53, 311-316.

Carlstedt I., Sheehan J. K., Corfield A. P., Gallagher T., *Mucous Glycoproteins: A Gel of a Problem*, Biochemistry **1985**, 20, 40-76.

Bansil R., Stanley E., LaMont J. T., *Mucin Biophysics*, Annual Review of Physiology **1995**, 57, 635-57.

Allen A., *Mucus and Bicarbonate Secretion in the Stomach and their Possible Role in Mucosal Protection*, Gut **1980**, 21,249-262.

Lafitte G., Soderman O., Thuresson K., Davies J., PEG-NMR Diffusometry: *A Tool for Investigating the Structure and Dynamics of Nancommercial Purified Pig Gastric Mucin in a Wide Range of Concentrations*, Biopolymers **2007**, 86, 165-175.

Bastardo L., Claesson P., Brown W., *Interações entre a Mucina e os Sulfatos de Sódio de Alquilo em Solução. A Light Scattering Study*, Langmuir **2002**, 18, 3848-3853.

Lafitte G., Thuresson K., Soderman O., *Mixtures of Mucin and Oppositely Charged Surfactant Aggregates with Varying Charge Density. Phase Behaviour, Association, and Dynamics*, Langmuir **2005**, 21, 7097-7104.

Celli J. P., Turner B. S., Afdhal N. H., Ewoldt R. H., McKinley G. H., Bansil

R., *Erramilli S., Rheology of Gastric Mucin Exhibits a pHLDependent SoLGel Transition*, Biomacromolecules **2007**, 8, 1580-1586.
Harada A., *Design and Construction of Supramolecular Architectures Consisting of Cyclodextrins and Polymers*, Advances in Polymer Science **1997**, 133, 141-191.
Akiyoshi K., Sasaki Y., Kuroda K., Sunamoto J. *Controlled Association of Hydrophobized Polysaccharide by Cyclodextrin*, Chemistry Letters **1998**, 93-94.
Beheshti N., Bu H., Zhu K., Kj0niksen A.-L., Knudsen K. D., Pamies R., Hernández C., Garcia de la Torre J., Nystrom B., *Characterization of Interactions in Aqueous Solutions of Hydroxyethylcellulose and Its Hydrophobicaly Modified Analogue in the Presence of a Cyclodextrin Derivative*, Journal of Physical Chemistry B. **2006**, 110, 6601-6608.
Zhang H., Hogen-Esch T. E., *Complex Formation of fi- CyclodextrinL e polímeros solúveis em água modificados com PerfluorocarbonoL*, Langmuir **1998**, 14, 4972-4977.
Fenyvesi E., *Cyclodextrin Polymers in the Pharmaceutical Industry*, Journal of Inclusion Phenomena **1988**, 6, 537-545.
Kj0niksen A.-L., Baldursdóttir S. G., Nystrom B., *Characterization of RiboflavinL Photosensitized Changes in Aqueous Solutions of Alginate by Dynamic Light Scattering*, Macromolecular Bioscience **2004**, 4, 76-83.
Frati E., Khatib A.-M., Front P., Panasyuk A., Aprile F., Mitrovic D. R., *Degradation of Hyaluronic Acid by Photosensitized Riboflavin in vitro. Modulation of the Effcet by Transition Metals, Radical Quenchers, and Metal Chelators*, Free Radical Biology & Medicine **1997**, 22, 1139-1144.
De La Rochette A., Silva E., Birlouez-Aragon I., Mancini M., Edwards A.-M., Morliere P., *Riboflavin Photodegradation and Photosensitizing Effects are Highly Dependent on Oxygen and Ascorbate Concentrations*, Photochemistry and Photobiology **2000**, 72, 815-820.
Winter H. H., *Can the Gel Point of a CrossLinking Polymer be Detected by the G -G Crossover?*, Polymer Engineering and Science **1987**, 27, 1698<1702.
Scanlan J. C., Winter H. H., *Composition Dependence of the Viscoelasticity of EndLLinked Poly(dimethylsiloxane) at the Gel Point*, Macromolecules **1991**,24, 47<54.
Winter H. H., Chambon F., *Analysis of Linear Viscoelasticity of a Crosslinking Polymer at the Gel Point*, Journal of Rheology **1986**, 30, 367-382.
Fraunhofer W., Winter G., *The Use of Asymmetrical Flow FieldL Flow Fractionation in Pharmaceutics and Biopharmaceutics*, European Journal of Pharmaceutics and Biopharmaceutics **2004**, 58, 369-383.
Leeman M., Islam M. T., Haseltine W. G., *Asymmetric Flow FieldL Flow Fractionation Coupled with MultiLAngle Light Scattering and Refractive Index Detections for Characterization of UltraLHigh Molar massa de poli(acrilamida)*, Journal of

Chromatography A **2007**, 1172, 194<203.
Augsten C., Mäder K., *Characterizing Molar Mass Distributions and Molecule Structures of Different Chitosans Using Asymmetrical Flow FieldLFlow Fractionation Combined with MultiL Angle Light Scattering*, International Journal of Pharmaceutics **2008**, 351, 23-30.
Lee H., Cho I.<H., Moon M. H., *Effect of Dissolution Temperature on the Structures of Sodium Hyaluronate by Flow FieldLFlow Fractionation/Multiangle Light Multiangle Light Scattering*, Journal of Chromatography A 2006, 1131, 185-191.
Alasonati E., Benincasa M.<A., Slaveykova V. I., *Fracionamento de fluxo assimétricoLFlow acoplado a um detetor de dispersão de luz laser multiangular: Otimização da taxa de fluxo cruzado, caraterísticas do transportador e massa injetada na separação de alginato*, Journal of Separation Science **2007**, 30, 2332-2340.
Maleki A. KjOniksen A.<L., Nyström B. Anomalous Viscosity Behaviour in Aqueous Solutions of Hyaluronic Acid, Polymer Bulletin **2007**, 59, 217<226.
The Fractal Approach to Heterogeneous Chemistryf Surface, Colloids, Polymers, Editado por Avnir D., John Wiley and Sons Ltd, Grã-Bretanha **1989**.
Schärtl W., em *Light Scattering from Polymer Solutions and Nanoparticle Dispersions*, Springer<Verlag Berlin Heidelberg **2007**.
Chu B., em *Laser Light Scattering*, Academic Press, USA **1974**.
Dynamic Light Scatteringf Application of Photon Correlation Spectroscopy, Editado por Pecora R., Plenum Pressz New York, USA **1985**.
Lang P., Burchard W., *Dynamic Light Scattering at the Gel Point*, Macromolecules **1991**, 24, 814<815.
Siegert, A. J. F. *Instituto de Tecnologia de Massachusetts*, **1943,** Laboratório de Radiação, Relatório nº 465.
Schillen K., Jansson J, Löf D., Costa T., *Micelas Mistas de um Copolímero de Tribloco PEOL PPOLPEO (P123) e um Surfactante Não Iónico (C12EO6) em Água. A Dynamic and Static Light Scattering Study*, Journal of Physical Chemistry B **2008**, 112, 5551<5562.
Wang C. H., Zhang X. Q., *Quasielastic Light Scattering and Viscoelasticity of Polystyrene in Diethyl Phthalate*, Macromolecules **1993**, 26, 707<714.
Ngai K., *Dynamics of Semidilute Solutions of Polymers and Associating Polymers*, Advanced Colloid Interface Science **1996**, 64, 1-43.
Shukla A., Fuchs R., Rehage H., *QuasiLAnomalous Diffusion Processes in Entangled Solutions of Wormlike Surfactant Micelles*, Langmuir **2006**, 22, 3000<3006.
Nyström B., KjOniksen A.<L., *Dynamic Light Scattering of a Poly (ethylene óxido de etileno)LPol(óxido de propileno)LPol(óxido de etileno óxido de etileno)*
Triblock Copolymer in Water, Langmuir **1997**, 13, 4520<4526.
KjOniksen A.<L., Laukkanen A., Tenhu H., Nyström B., *Turbidez Anómala,*

Propriedades Dinâmicas e Reológicas em Misturas Aquosas de um Copolímero PVCLLgLC11EO42 *Termoresponsivo e um Surfactante Aniónico*, Colóides e Surfactantes A: Aspectos Físico-Químicos e de Engenharia **2008**, 316, 159<170.

Jacrot B., *The Study of Biological Structures by Neutron Scattering from Solution*, Reports on Progress in Physics **1976**, 39, 911<953.

Pynn R., *Neutron Scatteringf A Primer*, Lanscez Los Alamos Neutron Science Center **1990**, 1<31.

Horkay F., Basser P. J., Hecht A.<M., Geissler E., *Small Angle Neutron Scattering from Strongly Charged Polyacrylate Hydrogels in Physiological Salt Solutions*, Polymer Preprints **2002**, 43, 369< 370.

Horkay F., Hecht A.<M., Grillo I., Basser P. J., Geissler E., *Experimental Evidence for Two Thermodynamic Length Scales in Neutralized Polyacrylate Gels*, Journal of Chemical Physics **2002**, 117, 9103<9106.

Lee L.<T., Cabane B., *Effets of Surfactants on Thermally Collapsed Poly (NLisopropylacrylamide) Macromolecules*, Macromolecules **1997**, 30, 6559<6566.

Jean B., Lee L.<T., Cabane B., *Interações de Dodecil Sulfato de Sódio com Acrilamida LNLisopropilacrilamida Estatística Copolímero*, Ciência dos Colóides e dos Polímeros **2000**, 278, 764<770.

Läuger J., Gronski W., *A Melt Rheometer with Integrated Small Angle Light Scattering*, Rheology Ata **1995**, 34, 70<79.

Chen Z. J., Shaw M. T., Weiss R. A., *Explicação dos padrões de dispersão de luz "DarkLStreak" e Estrutura induzida por cisalhamento Desenvolvimento de misturas de polímeros misturas de polímeros*, Macromolecules **1995**, 28, 648<650.

Läuger J., Weigel R., Berger K., Hiltrop K., Richtering W., *RheoL SmallLAngleLLightLScattering Investigation of Shear -Induced Structural Changes in a Lyotropic Lamellar Phase*, Journal of Colloid and Interface Science **1996**, 181, 521<529.

Sundelöf L.<O., Nyström B., *Sedimentation Behavior and Particle Shape in Concentrated Macromolecular Solutions*, Journal of Polymer Science, Polymer Letters Edition **1977**, 15, 377<384.

Cárdenas M., Schillén K., Pebalk D., Nylander T., Lindman B., *Interação entre o ADN e os coloides carregados pode ser impulsionada hidrofobicamente*, Biomacromolecules **2005**, 6, 832<837.

Bu H., Naess S. N., Beheshti N., Zhu K., Knudsen K. D., Kj0niksen A.<L., Elgsaeter A., Nystrom B., *Characterization of Thermally Sensitive Interactions in Aqueous Mixtures of Hydrophobically Modified Hydroxyethylcellulose and Cyclodextrins*, Langmuir **2006**, 22, 9023<9029.

Chen D., Doi M., *Simulation of Aggregating Colloids in Shear Flow. II*, Journal of Chemical Physics **1989**, 91, 2656<2663.

Kinetics of Aggregation and Gelation, Editado por Family F., Landau D. P., Elsevier Science Publishers B. V., Amesterdão, Países Baixos **1984**.

Edwards S. F., Freed K. F., *CrossLlinkage Problem of Polymers III. Dense*

CrossLlinked System of Polymers, Journal of Physic C: Solid State Physics **1970**, 3, 760<768.

Wesley R. D., Cosgrove T., Thompson L., Armes S. P., Baines F. L., *Estrutura dos Complexos Polímero/Surfactante Formados por Poli(2L (dimetilamino)metacrilato de etilo) e Dodecilsulfato de Sódio*, Langmuir **2002**, 18, 5704<5707.

Andley U. P., Chakrabarti B., *Role of Singlet Oxygen in the Degradation of Hyaluronic Acid*, Biochemical and Biophysical Research Communications **1983**, 115, 894<901.

Lapcik Jr. L., Schurz J., *Photochemical Degradation of Hyaluronic Acid by Singlet Oxygen*, Colloid and Polymer Science **1991**, 269, 633<635.

Miyazaki T., Yomota C., Okada S., *Ultrasonic Depolymerization of Hyaluronic Acid*, Polymer Degradation and Stability **2001**, 74, 77< 85.

Ghosh S., Kobal I., Zanette D., Reed W. F., *Conformational Contraction and Hydrolysis of Hyaluronate in Sodium Hydroxide Solutions*, Macromolecules **1993**, 26, 4685<4693.

Tokita Y., Okamoto A., *Hydrolytic Degradation of Hyaluronic Acid*, Polymer Degradation and Stability **1995**, 48, 269<273.

TOmmeraas K., Melander C., *Kinetics of Hyaluronan Hydrolysis in Acidic Solution at Various pH Values*, Biomacromolecules , DOI: 10.1021/bm701341y.

Engstrom<Laurent A., Hallgren R., *Circulating Hyaluronate in Rheumatoid Arthritis: Relationship to Inflammatory Activity and the Effect of Corticosteroid Therapy*, Annals of the Rheumatic Diseases, **1985**, 44, 83<88.

Lee F., Chung J. E., Kurisawa M., *An Injectable Enzymaticcally CrossLlinked Hyaluronic AcidLTryamine Hydrogel System with Independent Tuning of Mechanical Strength and Gelation Rate*, Soft Matter **2008**, 4, 880<887.

Euranto E. K., em *Chemistry of Carboxylic Acids and Esters*, Edited by Patai S., Interacience, New York **1969**, pp 505<588.

Danishefsky I., Siskovic E., *Conversion of Carboxyl Groups of Mucopolysaccharides into Amides of Amino Acid Esters*, Carbohydrate Research **1971**, 16, 199<205.

Maleki A. KjOniksen A.<L., Nystrom B. Characterization of the Chemical Degradation of Hyaluronic Acid during Chemical Gelation in the Presence of Different Cross<linker Agents, Carbohydrate Research **2007**, 342, 2776<2792.

Buhler E., Boue F., *Chain Persistence Length and Structure in Hyaluronan Solutions: Dependência da força iónica para um modelo de polielectrólito semirrígido*, Macromolecules **2004**, 37, 1600<1610.

Fefelova N. A., Nurkeeva Z. S., Mun G. A., *Khutoryanskiy V. V., Mucoadhesive Interactions of Amphiphilic Cationic Copolymers Based on [2L(methacryloyloxy)ethyl]trimethylammonium Chloride*, International Journal of Pharmaceutics **2007**, 339, 25<32.

Hong Z., Chasan B., Bansil R., Turner B. S., Bhaskar K. R., Afdhal N. H., Atomic *Force Microscopy Reveals Aggregation of Gastric Mucin at Low pH*, Biomacromolecules 2005, 6, 3458<3466.

Ngai K. L., Phillies G. D. J., *Coupling Model Analysis of Polymer Dynamics in Solution: Probe Diffusion and Viscosity*, Journal of Chemical Physics **1996**, 105, 8385<8397.

Ngai K. L., em *Structure and Dynamics of Strongly Interacting Colloids and Supramolecular Aggregates in Solution*, Edited by Chen S. H., Huang J. S., Tartaglia P., NATO ASI Series C, Kluwer Academic Publishers: Dordrecht, Países Baixos, **1992**, 369, 221< 228.

Wu X.<L., Pine D. J., Dixon P. K., *Enhanced Concentration Fluctuations in Polymer Solutions under Shear Flow*, Physical Review Letters **1991**, 66, 2408-2411.

MIX
Papier aus verantwortungsvollen Quellen
Paper from responsible sources
FSC® C105338

Printed by Books on Demand GmbH, Norderstedt / Germany